中国矿产地质志

东秦岭-大别山
花岗岩与Au、Mo、Cu矿床
分布规律图说明书
（1：500 000）

主　编：卢欣祥

编　图：卢欣祥　杨延伟　黄　凡　杨崇科
韩　宁　劳子强　梁　涛　张　宇
黄丹峰　张　震　高　源

地质出版社

·北　京·

内容提要

秦岭造山带是世界著名的多旋回大陆造山带，也是中国大陆南北板块的分界带，有着多期的地质构造演化历史，构造复杂，岩浆活动强烈，各类金属非金属矿产资源极其丰富，是世界著名的钼、金、铜多金属成矿带。

作者毕生从事秦岭-大别山花岗岩及其成矿作用和规律的研究，已出版有《秦岭花岗岩大地构造图》。本图是上述图件的姊妹篇，首次系统的对秦岭-大别山地区花岗岩与有色金属和贵金属 Au、Mo、Cu 矿产进行了详细阐述和系统总结，划分了类型、总结了成矿规律，内容丰富，资料翔实，文图并茂，在河南及全国都属首次，本图的出版是我国又一份区域性花岗岩与成矿关系的基本图件，具有重要的科学意义和应用价值。

本图既有丰富的典型矿床素材，又有深入的理论分析，可供国内外科研单位，大专院校，生产部门和广大地质工作者参考。

图书在版编目（CIP）数据

中国矿产地质志. 东秦岭-大别山花岗岩与 Au、Mo、Cu 矿床分布规律图 / 卢欣祥主编. -- 北京：地质出版社，2024. 12. -- ISBN 978-7-116-14460-6

Ⅰ. P62

中国国家版本馆 CIP 数据核字第 20245SV151 号

DONGQINLING-DABIESHAN HUAGANGYAN YU Au、Mo、Cu KUANGCHUANG FENBU GUILÜTU

责任编辑：刘秉翔　宋永存
责任校对：陈　曦
出版发行：地质出版社
社址邮编：北京市海淀区学院路 31 号，100083
电　　话：(010) 66554528（邮购部）；(010) 66554429（编辑室）
网　　址：https://www.gph.clmpg.com
传　　真：(010) 66554686
印　　刷：北京地大彩印有限公司
开　　本：889 mm×1194 mm　1/16
印　　张：3.75　　　**附　图**：1 幅
字　　数：600 千字
版　　次：2024 年 12 月北京第 1 版
印　　次：2024 年 12 月北京第 1 次印刷
审 图 号：GS［2024］1067 号
定　　价：138.00 元
书　　号：ISBN 978-7-116-14460-6

前　言

《东秦岭-大别山花岗岩与 Au、Mo、Cu 矿床分布规律图》是《中国地质矿产志》项目办公室和河南省自然资源厅资助的一个基础研究项目，经莫宣学院士、汤中立院士等评审通过，认为整体达到了国际先进水平。

本图编图范围：西自陕西省柞水-佛坪地区，东至安徽省大别山的金寨地区，北起郑州-灵宝一线以南，南至湖北省北部的大别山地区，覆盖了整个东秦岭及大别山的 Mo-Cu 多金属成矿带。地理坐标为东经 108°30′~116°00′，北纬 31°20′~34°40′，总面积约 12×10^4 km^2。上图岩体大于 115 个，其中，太古宙 5 个、元古宙 25 个、古生代 36 个、中生代 49 个（其中，印支期岩体 11 个，燕山期岩体 38 个）以及 112 个中酸性小斑岩体和爆破角砾岩体（陕西省 33 个，河南省 77 个，安徽省 2 个）。

本图的特点和创新：

1）这些岩体产于八大构造演化阶段（Ar、Pt_1、Pt_2、Pt_3、Pz_1、Pz_2、Mz、Cz），不再将各大地层单元中的岩组细分，图面更加简洁美观。

2）上图岩体及矿床的时代均标有最新的同位素年龄，测试方法以精准的锆石 SHRIMP、LA-ICP-MS、TIMS、SIMS 为主，不再使用误差较大的 Rb-Sr、U-Th-Pb 及全岩 K-Ar 年龄，成矿年龄以辉钼矿 Re-Os 法为主。

3）为了使主要矿集区的岩体和矿床更清晰地解释，避免岩体与矿床高度集中，互相套叠的情况，本图把主要矿集区的岩体与矿床放大，用角图表示，可以更直观地了解细节。

4）为了使图面干净美观，图件的设色在相关规范的原则下，反复调试，使本图色调更柔和、美观，可以称之为赏心悦目。

5）本图所用年龄数据除作者单位测试外，主要来自不同单位、研究者报告、中外文献，岩体的划分使用了河南、安徽、湖北等省不同比例尺的最新区调成果，陕西部分以新编《陕西省地质图和岩浆岩图》为准，特此说明并致谢。

6）本图是目前为止东秦岭-大别山地区内容最全、资料最新、最完整的一份花岗岩与有色金属矿产（Mo、Cu、Au）分布图，在河南省是第一份，在全国也属首次。也是自《秦岭花岗岩大地构造图》之后，编制的第二份区域花岗岩和主要矿产地质图，具有极其丰富的地质意义，同《秦岭花岗岩大地构造图》一样，定会成为被广泛使用的花岗岩与成矿关系的基本图件，具有重要的科学意义和应用价值。

编图过程中，基本以张国伟等（1996）《秦岭大地构造图》及卢欣祥（2000）编制的《秦岭花岗岩大地构造图》的基本框架，在肯定商丹构造带作为主要俯冲带的同时，还划分出秦岭加里东岩浆弧和方城–卢氏晋宁期碱性岩带。碱性岩带与商丹带上的晋宁期俯冲碰撞型（以二云母花岗岩为主）花岗岩带，构成了完整的前沿挤压（俯冲碰撞）和后沿滞后拉张的花岗岩带。这两个同时代的岩带构成了东秦岭基础构造岩浆骨架，与之后形成的东起桐柏桃园，经五朵山、漂池至商洛的灰池子、枣园等二长花岗岩弧及二郎坪群的中基性火山岩，一起构成了巨大的加里东岩浆弧。

在印支期，受秦岭与华北板块俯冲碰撞的影响，上述碱性岩带被进一步拉张，从而出现了印支期的火成碳酸岩，形成了洛南大石沟–嵩县大西沟、黄水庵两个碳酸岩分布区。该区碳酸岩与钼成矿关系密切，形成一种本区特有的石英碳酸岩型钼矿类型，属全国罕见。该区以西的岩浆岩时代比较集中，几乎全部为印支期花岗岩，直至西秦岭地区。燕山期花岗岩叠加在上述不同时代的岩浆岩带之上。

该矿产分布规律图和说明书由卢欣祥主编，由卢欣祥、杨延伟、黄凡、杨崇科、韩宁、劳子强、梁涛、张宇、黄丹峰、张震和高源等共同参与完成编制。

目　　录

第一章　区域地质概况 …………………………………………………………………………（1）
　一、区域地层 ………………………………………………………………………………（1）
　　（一）结晶基底——太华群、桐柏群、大别群……………………………………………（1）
　　（二）盖层…………………………………………………………………………………（1）
　二、区域构造演化 …………………………………………………………………………（3）
　　（一）“一缝二块三带”的构造格局 ………………………………………………………（3）
　　（二）古地幔柱……………………………………………………………………………（3）
　　（三）双峰式火山岩………………………………………………………………………（3）
　　（四）晋宁期—印支期的板块构造体制…………………………………………………（4）
　　（五）陆内构造演化阶段…………………………………………………………………（4）
　　（六）软流圈上涌是形成东秦岭-大别山钼金属成矿的关键 ……………………………（5）

第二章　花岗岩 ………………………………………………………………………………（6）
　一、花岗岩的时代及分布规律 ……………………………………………………………（6）
　二、东秦岭-大别山花岗岩类型……………………………………………………………（8）
　　（一）浅源深成型花岗岩…………………………………………………………………（8）
　　（二）深源浅成型花岗岩…………………………………………………………………（9）
　　（三）深源深成花岗岩 ……………………………………………………………………（10）
　　（四）幔源浅成花岗岩 ……………………………………………………………………（11）
　三、花岗岩是东秦岭地壳的重要组成部分和构造演化的物质记录 ………………………（12）

第三章　东秦岭-大别山与花岗岩有关的 Mo、Au、Cu 矿产 ………………………………（13）
　一、钼矿床 …………………………………………………………………………………（13）
　　（一）斑岩型钼矿床 ………………………………………………………………………（15）
　　（二）爆破角砾岩型钼矿床 ………………………………………………………………（23）
　　（三）碳酸岩型矿床 ………………………………………………………………………（26）
　二、金矿床 …………………………………………………………………………………（29）
　三、铜矿床 …………………………………………………………………………………（32）

第四章　东秦岭-大别山花岗岩和 Au、Mo、Cu 成矿规律 …………………………………（36）
　一、东秦岭-大别山花岗岩在中国及世界都独具特色 ……………………………………（36）
　二、东秦岭-大别山是中国及世界最大的钼多金属成矿带 …………………………………（38）

主要参考文献及资料 …………………………………………………………………………（40）
《东秦岭-大别山花岗岩与 Au、Mo、Cu 矿床分布规律图》参考文献 ………………………（44）

第一章　区域地质概况

本图的编制范围包括河南省西部的东秦岭地区、南部的大别山地区，以及陕西省宁陕、山阳、柞水、丹凤、洛南、华县、商南等地区，地跨华北、扬子两大板块，以及它们之间的拼合带——秦岭造山带三大构造单元，具体位于东秦岭-大别山造山带和华北板块南缘。秦岭造山带是地球上演化历史最长和最复杂的大陆造山带，经历了长期而复杂的地质构造演化阶段，有着从太古宙（>25 亿年）到新生代长达 30 多亿年的演化历史，经历了太古宙—古元古代的克拉通，古-中元古代的初始裂谷系，到新元古代超大陆的拼合与裂解，晋宁期—加里东期—印支期的现代体制板块俯冲碰撞，逐步演化为中生代燕山期陆内断块推覆叠置，逆掩走滑平移的构造演化阶段。由于两大板块的俯冲、碰撞，这里成为地壳活动较为活跃的地带，构造运动极其复杂，岩浆活动极为强烈。特别是新生代以来，受中国东部岩石圈减薄与拆沉作用的影响（邓晋福等，1999），软流圈地幔抬升，地幔物质上涌，壳幔物质频繁交换，极其有利于内生金属矿产的形成，从而使其成为中国乃至世界著名的构造带、岩浆活动带以及有色金属、贵金属的成矿带。

一、区域地层

由于东秦岭发展演化的历史达 30 亿年以上，其地层系统从太古宇到新生界均有发育，按照张国伟等（1996，2001）的构造观，秦岭-大别山地区可以分成三大构造单元，不同大地构造单元有不同的地层系统。秦岭-大别山地区地层系统由结晶基底与多重盖层两大部分组成，现分述如下。

（一）结晶基底——太华群、桐柏群、大别群

基底岩系主要由太古宙及古元古代结晶基底两部分组成。结晶基底主要有太古宇太华群、桐柏群、大别群等，它们分布在小秦岭、崤山、熊耳山及桐柏南部和信阳南部等地，是一套以片麻岩为主的中深变质岩系，变质程度普遍达角闪岩相，局部已达麻粒岩相。太华群下部由黑云斜长片麻岩、斜长角闪片麻岩、混合岩、片麻岩和片麻状花岗岩、大理岩组成的灰色片麻岩系（TTG 岩套）等构成；上部主要由石墨斜长片麻岩、黑云斜长片麻岩、矽线石榴片麻岩、大理岩及含铁石英岩构成的具有孔兹岩系特征的陆源碎屑-碳酸盐岩建造。太华群在鲁山的黑云角闪斜长片麻岩锆石年龄为 2620 Ma（宜昌地质科学所一室，1978），铁山岭组角闪斜长片麻岩年龄 2658 Ma（磷灰石 U-Pb，宜昌地质科学研究所一室等，1978），鲁山的英云闪长岩年龄 2841±6 Ma、2806±7 Ma、2807±4 Ma（锆石 Pb-Pb，张国伟等，1987）。

桐柏-大别山地区分布有桐柏群和大别群，大别群分布于商城-麻城断裂以东地区，桐柏群分布在西部的桐柏山地区，它们具有相似的岩石组合和构造特征，但都不是单一的地层单位，是一套受到复杂强烈的多期变质变形作用和混合岩化面貌复杂的结晶基底，尤其是大别群，广泛包含高压-超高压岩石，被诸多地质学家关注。它们主要由表壳岩系、花岗质片麻岩和变基性岩类组成，其同位素年龄分别为 2820 Ma（锆石 U-Pb；陈汉宗，1987）、2662 Ma 和 2650±100 Ma（Sm-Nd 同位素测定），时代为新太古代—古元古代（张国伟等，2000）。桐柏群与大别群也有部分学者划分为元古宇。

（二）盖层

研究区出露的盖层主要为古元古界陡岭岩群、秦岭岩群、苏家河群，中元古界熊耳群、官道口

群，中-新元古界宽坪群、峡河岩群，新元古界栾川群、陶湾组，古生界寒武系和中-新生界。分述如下。

秦岭岩群（$Pt_1Q.$）为分布于朱阳关-夏馆-大河断裂与商丹古缝合带之间的一套变质地层，主体出露在陕西商南-丹凤北部地区，主要岩性为混合岩化石榴黑云斜长片麻岩、斜长角闪片麻岩、厚层石墨大理岩、含石英条带或团块及碳质大理岩，其中夹薄层石英岩。从下到上划分成郭庄、雁岭沟、石槽沟3个组，各组之间均呈整合接触关系。郭庄组主要岩性为混合岩化石榴黑云斜长片麻岩、斜长角闪片麻岩、夹透辉斜长角闪片麻岩及白云质大理岩，其中有中酸性岩脉贯入，并有变辉长岩体分布。雁岭沟组主要岩性为厚层石墨大理岩、大理岩、含石英条带或团块及碳质大理岩，其中夹薄层石英岩、石榴黑云斜长片麻岩，下部以白云质含石墨大理岩出现为标志与郭庄组呈整合接触。石槽沟组主要岩性为含石榴矽线黑云斜长片麻岩，其中夹斜长角闪岩及大理岩，下部以钙硅酸盐岩-矽线片麻岩夹大理岩出现为标志与雁岭沟组整合接触。其同位素年龄为1987±49~2267±173/153 Ma（Sm-Nd，张宗清等，1994）。

陡岭岩群（$Pt_1D.$）出露于商丹断裂带南侧的陡岭地区，是秦岭微板块的基底岩系之一，面积约450 km^2，分瓦屋场、大沟两组，厚度在3000 m左右，主要由角闪岩相的斜长角闪片麻岩、二云斜长片麻岩、透辉变粒岩、大理岩等组成。其同位素年龄分别为：斜长角闪片麻岩1878±256 Ma（等时年龄）、2123±16 Ma（Sm-Nd模式年龄，张寿臣等，1994）、斜长角闪岩2197±64 Ma（Sm-Nd，张寿臣等，1994）。北侧与周进沟组呈断层接触，南侧被毛堂群姚营寨组不整合覆盖。

熊耳群（Pt_2X）是研究区最主要的盖层岩系，为一套双峰式火山岩，时代为1.75~1.8 Ga（赵太平等，2009）。在全球范围内，1.6~1.8 Ga是地幔演化的重大转折时期，这一时期裂谷和衰亡裂谷发育，出现环斑花岗岩及重要的层状杂岩体和规模巨大的基性岩墙群，熊耳群就是这一全球背景下的产物。

宽坪群（Pt_2K）分布于卢氏、南召、桐柏、陕西洛南一带，东部的宽坪群由基性火山岩、碳酸岩、火山杂岩组成。宽坪群一直被认为形成于中元古代，但在其中的火山岩中获得1 Ga左右的同位素年龄，因此有人将其划分到新元古界，而且认为其火山岩属蛇绿岩性质，代表了一种拉张环境（张宗清等，1994）。西安地质矿产局测得西段的甘肃境内同时代火山岩及基性岩的锆石年龄为1753±14 Ma（LA-ICP-MS，何世平等，2007），又回到了原来的认识。但一些学者则提出碎屑岩（绢云石英片岩）的碎屑锆石年龄（LA-ICP-MS）从725~500 Ma，分成了725 Ma、180~170 Ma、140~110 Ma、80~70 Ma、60~50 Ma几个组（张成立等，2008），因此，宽坪群的研究就进入了一个新阶段。需要说明的是，潜力评价和《中国矿产地质志》的研究专家组提出宽坪群为大洋板块，是秦岭的一个重要俯冲带的认识引起大量的讨论和兴趣。

古生界在豫西南出露较全，主要有寒武系、奥陶系、志留系、泥盆系、二叠系，岩性为碳酸盐岩、页岩、砂质岩、板岩类海相沉积。寒武系—泥盆系分布在豫西南的淅川地区，泥盆系主要分布在陕西的秦岭地区，范围跨度大，成为秦岭的一大特色，尤其是这一时期基本没有岩浆活动，是秦岭岩浆活动的相对平静期，却发现了大量的K-Ar同位素年龄在3.4~3.8 Ga之间的变质岩，代表了上部古生代发育了广泛的构造热事件。中奥陶统及石炭系、二叠系则分布于华北南缘，赋存有丰富的煤及铝土矿产。

秦岭在主造山期的中、晚三叠世末—早侏罗世碰撞造山后，河南的秦岭-大别山地区海水已全部退出，从晚三叠世开始，整个中-新生代地层均为孤零分散的陆相断陷盆地或河湖相沉积，如洛南、潭头、卢氏、留山、吴城盆地及朱夏、商丹等断陷带，并不整合在所有下伏地层之上，这也证明了秦岭在晚三叠世—早侏罗世结束全面碰撞造山之后，开始转入主造山期后的陆内造山阶段，唯有嵩县盆地及大别山北麓的一些盆地断陷较深，出现了一套偏碱性的白垩纪火山-火山沉积建造。

二、区域构造演化

（一）“一缝二块三带”的构造格局

研究区位于秦岭造山带的东段，部分研究者亦称之为东秦岭造山带和桐柏-大别山造山带，按照张国伟等（1996）的划分，秦岭造山带由“二缝三块六带”组成，“二缝”分别为商丹古缝合线（北）和勉略古缝合线（南），三块分别为华北板块、秦岭微板块和扬子板块北缘。

河南省则位于“一缝二块三带”之中，一缝即商丹缝合带，横贯东秦岭与大别山地区，南侧属秦岭微板块（秦岭造山带），其北分属北秦岭与华北南缘构造带，二者以洛南-栾川-明港断裂为界，华北板块南缘构造带则以鲁山-三门峡断裂为界，北与华北板块相邻。研究表明，秦岭造山带经历了不同的构造体系、不同类型的造山作用，形成了具有一定深部地质背景的多期复杂裂谷系，中-新元古代开始了现代板块构造体制的俯冲碰撞，至早-中生代（印支期）实现陆-陆碰撞的主造山作用，形成了横贯中国大陆的巨型复合型大陆造山带。在中生代，扬子、秦岭、华北三大构造体一起成为中国统一克拉通陆块的一部分。陆内阶段则主要表现为各种块体之间逆冲、叠置、推覆、走滑构造为突出特征的强大复合型造山带（张国伟等，1996）。

在秦岭造山带内部及其南北两侧相邻地块边缘地区，变质程度普遍达角闪岩相岩石多处分布，局部分布有达麻粒岩相的高级片麻岩地体，如登封地区的登封群，安徽蚌埠地区的下五河群、霍邱群，山西中条山的涑水群，扬子地块北缘的大别群，黄陵地区的崆岭群等。这些变质岩相在岩石组合、构造变形上非常近似，目前各处孤立的岩块大致呈断续带状分布，空间上具有一定的规律，并且具有一致的磁场特征和同位素年龄，表明它们原来是同一时代密切相关变质岩系，它们共同组成了新太古代统一基底，进而揭示了新太古代华北板块和扬子地块基底实际上可能是统一的陆块。

（二）古地幔柱

元古宙早期，华北、扬子统一古老陆块处于扩张裂解过程中，主要呈初始裂谷系的构造体制。嵩箕地区发育了以“安沟群”为代表的一套绿片岩相变质火山沉积岩系，形成了一条发育在先陆壳之上的线性裂谷型火山槽地（劳子强等，1996）。“安沟群”及整个区内古元古界发育的局限性表明，古元古代初始裂谷形成之后，并没有进一步发展使陆块裂解，而是在古元古代末期就已封闭，结束发育。古元古界秦岭群中的基性岩及火山岩属于CNB（来自大陆岩石圈地幔的大陆玄武岩）型及OIB（洋岛玄武岩）型岩浆作用的产物。Nd、Sr同位素组成和微量元素比值特征已表明在古元古代华北板块南缘存在地幔热柱源岩浆活动（张本仁等，2002）。

（三）双峰式火山岩

中元古代广泛存在的熊耳群、宽坪群、武当群、红安群等火山岩-沉积岩系，标志着再一次更为强烈的扩张裂谷系的发育。熊耳群是一套中基性-中酸性熔岩夹海陆相碎屑沉积的火山-沉积岩系，沿洛南-栾川断裂北侧呈狭长的带状分布，地层向北伸入山西境内形成三角辐射状，故亦称三叉裂谷。熊耳群火山岩具明显的双峰式特征（孙枢等，1985；夏林圻，1991；张本仁等，1994；张国伟等，1996，2001），表明其为拉张裂谷环境下的产物。其岩石组合及富K、Fe的地球化学特征，既不同于一般的碱性火山岩，又不同于一般的钙性火山岩，是华北地台南缘中元古代辐射状的裂谷（三叉裂谷）形成的初期产物。与此同时，同时代以石秤、路家沟、白家寨、龙王■、桂家峪（1.6~1.7 Ga）、垣头、张家坪为代表的数量较多、并具有一定规模的碱性岩和A型花岗岩（卢欣祥等，1996，2000；邓小芹，2016）进一步表明熊耳群是拉张环境下的双峰式火山岩。

在熊耳群之后的中-新元古代，华北地台南缘出露了汝阳群、洛峪群、栾川群和震旦系碎屑岩-碳酸盐岩建造，与熊耳群火山岩一起构成厚达数千米的元古宙火山-沉积岩系。这一组合特征表明其经历了裂谷系的发生到边缘裂陷构造的发育过程，标志着华北地台南缘真正意义上的裂解。在整个地球发展历史中，地表的各种构造形迹均受地球深部特征所制约。新的地幔热柱理论认为，地表裂谷系的发育、拉分盆地的出现等实际上是地幔柱在地表的响应（Y. Maruyama，1990）。也就是说，元古宙裂谷系的发育是地幔柱活动的结果。张本仁等（2002）认为古元古代晚期的宽坪群拉斑玄武岩（主体为同 MORB 型岩石），应属于主要有地幔热柱源岩浆和少量亏损地幔源（N-MORB 型）岩浆混合形成的产物。

（四）晋宁期—印支期的板块构造体制

元古宙末期晋宁运动使秦岭与华北板块发生碰撞（卢欣祥，1996；张国伟，1996），使裂解的地块又重新封闭，由熊耳群、汝阳群、洛峪群等构成的火山-沉积岩系成为华北板块的盖层。

在商丹带上出现的新元古代晋宁期松树沟（洋淇沟）蛇绿岩（983±140 Ma，Sm-Nd，李曙光，1991）主要由超镁铁质纯橄榄岩和方辉橄榄岩组成（刘良等，1995；董云鹏等，1996）。研究表明，松树沟蛇绿岩既有强亏损地幔部分熔融残余成因的地幔岩，又有以 N-MORB 和 E-MORB 组成部分的大洋拉斑玄武岩。岩石组合和地球化学特征说明松树沟蛇绿岩形成于洋中脊环境。各种资料显示，松树沟蛇绿岩有两种源区，一种在类似 N-MORB 的亏损软流圈地幔源区形成，另一种为类似 OIB 源区的地幔柱源区形成的岩石（张国伟等，2001）。根据以上研究，张泽军（1990，1991）明确提出，松树沟超镁铁质岩（蛇绿岩）和地幔柱（热点）有关。也有学者认为松树沟纯橄榄岩就是与地幔柱有关的岩浆岩，张本仁等（2002）根据地球化学研究表明，松树沟纯橄榄岩也是由地幔柱和亏损地幔两种源区岩浆共同活动形成，并认为中-新元古生代（Pt_3—Pt_2）的二郎坪群 MORB 型（变拉斑玄武岩）也是由地幔柱和亏损地幔两种岩浆混合形成的，以上的研究均表明新元古代时北秦岭有过明显的地幔柱活动。

元古宙末期或中生代初期，整个秦岭构造带进入现代体制板块构造阶段，开始发生俯冲、碰撞造山作用。秦岭造山带沿商丹断裂带向北俯冲，并发生广泛的岩石圈拆沉作用。沿商丹断裂带及北秦岭广泛发育的加里东期、印支期岩浆活动与该俯冲导致的拆沉作用有关（卢欣祥，1996）。中生代印支期，该区发生了强烈的陆-陆碰撞造山作用。沿商丹断裂带广泛发育的不同期次的向北倾伏的深层次逆冲韧性剪切带，指示在印支期强烈碰撞造山过程中，华北板块地层向秦岭微板块仰冲，使得小秦岭-熊耳山地区也成为秦岭造山带的一部分，并处于造山带的北缘。与此同时，华北板块向南逆冲，使得远离商丹带的小秦岭-熊耳山地区处于后缘拉张的环境中，并出现了印支期碱性侵入岩和碳酸岩，表现出典型的前沿俯冲、后缘滞后拉张的构造特征，并造成了岩浆耦合作用（卢欣祥等，1994，1998）。

印支期，由华南-秦岭-华北发生的陆-陆碰撞作用，结束了秦岭造山带以板块拉张、洋壳俯冲为代表的现代板块构造体系，使华北、秦岭与扬子板块逐渐形成了一个新的统一板块，成为统一的中国大陆板块的一部分。

秦岭造山带内部广泛发育的印支期 A 型花岗岩、环斑花岗岩、碱性岩以及古地磁特征等均表明秦岭造山带在 240～190 Ma 进入了一个新的受软流圈活动制约的构造热活动时期，在全球扩张作用下，该区软流圈上拱。受其影响，秦岭造山带及其附近发生了广泛的拆沉作用，并发生了强烈的岩浆活动，陆壳抬升，使秦岭造山带快速隆升成山。同时秦岭造山带的北缘（华北板块南缘）形成了由于地幔上涌及强烈拉伸作用形成的小秦岭、崤山、熊耳山变质核杂岩（石铨曾等，2004）。而陕西洛南、河南栾川及嵩县地区出现了双峰式的岩浆活动，并出现大量幔源型石英-碳酸岩（石英-方解石脉）（黄典豪 1998，2010；卢欣祥，2015，2016）。

（五）陆内构造演化阶段

中国东部原始岩石圈厚度大于 150～200 km，但中-新生代以来，岩石圈厚度只有 60～80 km，表明中-新生代以来发生了强烈的岩石圈减薄和去根作用。而近几年地球磁场方面的研究表明，200～100 Ma 时，全球处于低磁场强度时期，具低的极性反转频率，并认为其是地幔柱活动的结果（邵济安等，1998）。

（六）软流圈上涌是形成东秦岭-大别山钼金属成矿的关键

据中国东部深部地球物理研究（李廷栋，2010；肖庆辉等，2008，2010），东秦岭-大别山地区中新生代发生软流圈上涌，这与中国东部岩石圈拆沉状态一致。岩石圈拆沉-软流圈上涌是中国东部中生代以来发生在岩石圈的最普遍也是最根本的地质作用，对中国东部地质构造、岩浆活动及成矿作用产生了深远的影响。研究显示，东秦岭岩石圈地幔至今仍为高热流区（金昕，1996；袁学诚，2011），这种高热环境很容易造成软流圈地幔物质的上涌，并且这种热的传递很容易造成地壳物质的部分熔融，形成花岗质岩浆，地幔物质或流体也会上侵形成内生金属矿产。地震反射剖面显示（李廷栋等，2009；肖庆辉等，2010），软流圈上涌的位置与地表矿集区完全一致。正是软流圈上涌，大量的地幔流体被带到地表，造成中国东部大规模成矿作用，从而形成了中国乃至世界最大的钼多金属成矿带。

第二章　花岗岩

东秦岭及桐柏-大别山地区花岗岩出露非常广泛，不同时代、不同类型的花岗岩十分发育，总面积约 2.5×10^4 km^2，是我国著名的花岗岩分布密集区之一，并成为中国重要的花岗岩研究基地，一直被国内外地质学家所关注。尤其是河南省花岗岩研究，在全国具有举足轻重的地位，不少研究成果影响了整个秦岭造山带，也影响着全国的花岗岩研究。本区花岗岩的类型齐全，世界上主要的花岗岩类型，不论以字母分类的 A、S、I、M 型以及皮彻尔的构造环境分类，还是中国学者提出的同熔型、改造型分类，都可以在本区找到，但日本石原舜三（1977）提出的磁铁矿系列和钛铁矿系列在本区却不适用。从太古宙到中生代的各个时代的花岗岩都有产出。本区花岗岩多时代、多期次的特点十分明显，因此，这些花岗岩很好地揭示和反映了东秦岭的板块构造不同阶段岩浆演化的历史，这对全国乃至全世界的花岗岩研究起到了积极的推动作用。

大陆造山带是大陆地壳上一种特殊而重要的地质构造单元，是地质演化历史中的构造活动带，在其发展进程的不同演化阶段都有各类岩浆作用的发生。花岗岩作为大陆特有的岩浆岩，是陆壳的重要组成部分，其形成与陆壳演化密切相关，对其深入的研究有助于探讨造山带构造演化过程。

由于花岗岩与有色金属、贵金属矿产有十分密切的关联性，使本区成为中国乃至世界著名的有色金属成矿带和生产基地。

一、花岗岩的时代及分布规律

东秦岭-大别山地区花岗岩从太古宙到中-新生代都有出露，表现为时代既多又全的特征，这在其他造山带中是绝无仅有的。

1）河南省花岗岩可以划分为六大构造岩浆旋回，每一构造岩浆旋回都代表了板块构造的特定演化阶段，分别为①阜平期（2.5～3.3 Ga）、②吕梁期（1.5～2.0 Ga）、③晋宁期（700～1100 Ma）、④加里东期（400～600 Ma）、⑤印支期（190～240 Ma）、⑥燕山期（80～180 Ma）。需要指出的是本区缺失上部古生代（华力西期）的花岗岩，这与秦岭造山带的构造演化阶段是一致的。上部古生代是秦岭造山带岩浆活动的宁静期，发育了巨厚的泥盆纪海相碳酸盐地层，岩浆活动十分微弱。但作为一个大的构造演化阶段，秦岭特别是河南的东秦岭地区却出现了许多 270～380 Ma 的 K-Ar 同位素年龄数据，清晰地记录了这一重要构造演化阶段的构造热事件的历史，但很少有时代十分精确的花岗岩形成年龄。

2）印支期花岗岩在东秦岭中部及西秦岭分布十分广泛，规模大、岩体多，构成大规模的印支期构造岩浆岩带。东秦岭印支期的岩浆作用较微弱，它们分布在远离商丹主俯冲带的小秦岭、栾川、嵩县、桐柏等地，主要为一些规模较小的 A 型花岗岩（大南沟）、碱性岩（磨沟）和火成碳酸岩（黄水庵），显然是印支期秦岭与华北板块沿商丹缝合带俯冲碰撞时前沿挤压、后缘滞后拉张的产物。

3）根据花岗岩的地球化学特征以及它所处的构造背景和所反演的秦岭造山带构造演化阶段，可以把 6 个大的岩浆旋回划分成 3 个大的构造演化阶段，即前造山阶段、主造山阶段和后造山阶段。新太古代—早、中元古代为前造山阶段，新元古代（晋宁期）—三叠纪（印支期）为主造山阶段，中生代侏罗纪—白垩纪（燕山期）为后造山阶段，各造山阶段的花岗岩类型各不相同（卢欣祥，2000）。

4）本区花岗岩的分布有明显的规律（图 1）。表现为太古宙、古-中元古代的花岗岩仅出露在华北古陆块的南缘，表明华北板块比扬子板块有更长、更复杂的演化历史。新元古代晋宁期花岗岩集中

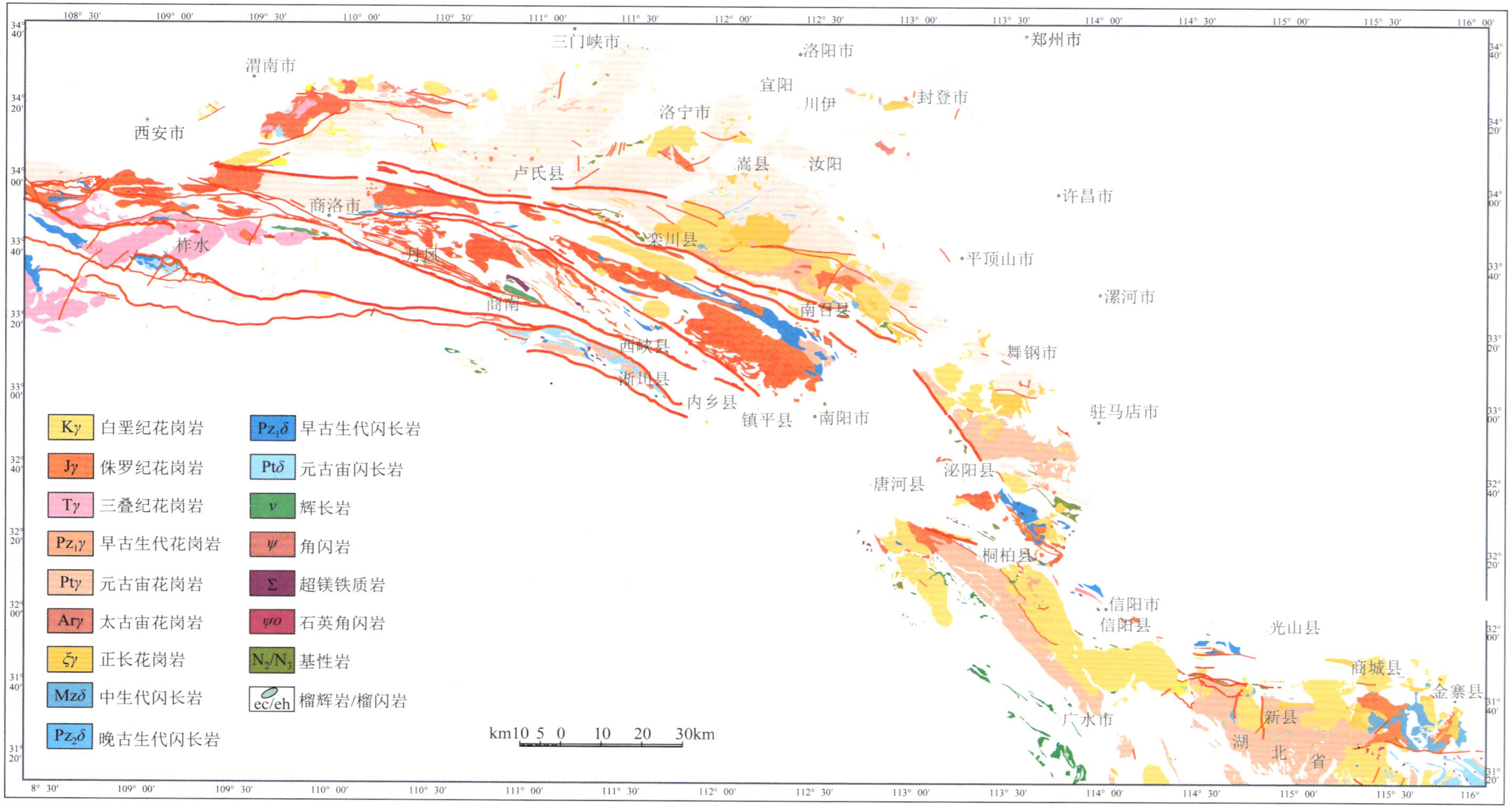

图 1 东秦岭-大别山地区不同时代花岗岩分布图

分布在河南内乡、西峡与陕西商南的接界地区，反映出秦岭（扬子）与华北板块最早的一次呈点式碰撞对接的历史，是秦岭 Rodinia 超大陆会聚裂解的记录。古生代的花岗岩主要分布在豫东秦岭及商洛地区，在秦岭与华北板块的主缝合带北缘分布。在商丹构造带的南北两侧是中生代花岗岩分布区，两边老中间新的分布规律非常清楚。

5）中生代燕山期的花岗岩主要分布于东秦岭及桐柏-大别山地区。中生代花岗岩在东秦岭则是叠加在晋宁期和加里东期花岗岩之上。这种分布格局显然表明秦岭造山带以剪刀状自东向西逐渐闭合的过程。各时代岩体的长轴总体为东西向，完全是受扬子与华北两大板块南北相向挤压的结果，而中生代燕山期的高位侵入小斑岩体、爆发角砾岩体则呈东西成带，南北（北东）成串分布，这种分布格局既受古东西向构造的制约，又受中新生代构造体制转换及库拉板块向西俯冲的影响。

二、东秦岭-大别山花岗岩类型

根据东秦岭地质构造演化、岩浆活动历史、区域地球化学、沉积建造、源岩特点、形成机制、成矿作用，初步把东秦岭花岗岩划分为浅源深成型、深源浅成型、深源深成（A 型）、幔源浅成（M 型）4 种类型，各种成因类型和一定的构造环境密切相关，受地质背景和源岩建造的制约（卢欣祥，1988）。

（一）浅源深成型花岗岩

该类花岗岩在东秦岭十分发育，是本区花岗岩的主要类型，多形成大的花岗岩体或岩基。基本特点如下。

1）多时代、多期次。从太古宙到中生代都有，太古宙花岗岩主要分布在登封地区，如石牌河、五里铺、许台等。元古宙花岗岩分布在登封、栾川、洛南等地，主要为 A 型花岗岩。燕山期花岗岩分布十分广泛，均呈大的岩基，如陕西省的华山、蓝田、牧户关，河南省的文峪、娘娘山、花山、蒿坪、伏牛山、鸡公山、新县、商城等岩体。

2）岩石类型主要为黑云母花岗岩及黑云母二长花岗岩，似斑状或粒状结构。岩石中多见不同时代变质岩的捕虏体。

3）岩石的副矿物主要为磁铁矿、榍石、磷灰石、锆石等，多数含有钛铁矿。这种较多磁铁矿以及磁铁矿和钛铁矿共生的现象，显然意味着日本学者石原舜三（1977）提出的磁铁矿系列和钛铁矿系列花岗岩分类在东秦岭是不适用的。

4）岩石化学特征：岩石的酸度（SiO_2）低于华南花岗岩的平均值，与中国花岗岩的平均值（黎彤等，1976）近似。岩石的碱性程度（K_2O+Na_2O）高于国内（7.82%）的同类岩石。铝饱和指数 $A/CNK=1$，而 Al′（=Al-K-Na-2Ca），除个别外，均小于 0，与华南地区及地球其他地区 S 型花岗岩相反（卢欣祥，1988）。

5）稳定同位素组成：$\delta^{18}O$ 值为 8.8‰，明显低于华南 S 型花岗岩（>10‰）；$(^{87}Sr/^{86}Sr)_i=0.705\sim0.709$，平均 0.707，低于华南 S 型花岗岩，与 I 型花岗岩一致。

6）稀土元素组成：稀土总量 $\Sigma REE=256.85\times10^{-6}$，$\Sigma Ce/\Sigma Y=9.68$，属轻稀土富集型。$\delta Eu=0.67$，具有一定的亏损，模式曲线呈左高右低且 Eu 略具负异常的特征。

7）成岩方式：该类花岗岩的成岩方式有交代和重熔两种。前者为混合岩、混合花岗岩，它们常与围岩为渐变过渡关系；后者则为岩浆花岗岩，与围岩呈各式各样的不整合侵入接触。出现变质岩、混合岩、混合花岗岩“三位一体”的产出形式，即由花岗岩向外依次变为混合花岗岩、混合岩及片麻岩等，构成了里德的原地-半原地-高位侵入花岗岩的一个完整序列。

该类岩石既有造山期形成的，也有造山后形成的，且多数是造山以后形成的。特别是中生代的岩体，其与造山作用无关。东秦岭在中生代已成为新的统一地块，整个构造运动表现为陆内造山作用。地壳的滑脱拆离、推覆叠置使地壳物质发生增厚、重熔，是这类花岗岩形成的主要作用。根据物探资料显示，该类花岗岩的形成深度为 8～12 km（仇国华，1987），QB-1 地学断面也确定东秦岭在 10～

15 km 及 30 km 处分别有 2 个界面。这同东秦岭 S、I 两类花岗岩的岩浆形成深度相一致。S 型花岗岩的产状、结构构造也揭示出这是一种形成于地壳上部的浅源深成类型。

这类花岗岩的野外产状、岩石学、矿物学等方面具有与华南 S 型花岗岩相同的特征。但在岩石化学、微量元素、稳定同位素地球化学上却存在着明显的差异，集中表现出具有与 I 型花岗岩一致的属性。这完全是受东秦岭地壳的基性程度较高和源岩成熟度不高的地球化学条件所制约，在这种地质背景下生成的 S 型花岗岩类，必然要继承源岩的一系列地球化学特征。

（二）深源浅成型花岗岩

该类花岗岩包括了东秦岭地区众多的中生代燕山期中酸性小斑岩体及与其有关的爆发角砾岩体。它们是东秦岭斑岩-爆发角砾岩型矿产（Mo、Cu、Au 多金属矿）的主要赋矿岩石，具有十分重要的经济意义。这类花岗岩在岩性、规模、成岩方式、形成深度、原岩性质及成矿等方面，与浅源深成型花岗岩形成了鲜明的对比。

1）地质特征：岩体时代主要为中生代，岩性从辉石闪长岩到花岗闪长（斑）岩、二长花岗斑岩、花岗斑岩及石英斑岩等。斑状结构发育，均呈不整合的小岩株产出。规模 0.1~4 km^2 不等，一般小于 1 km^2，分异相带不发育，多为杂岩体（卢欣祥，1980，1983）。

2）岩石地球化学以高硅、富碱、多钾、低钠、贫镁、贫钙为特征。一般 K_2O 多于 Na_2O，成钼岩体中 K_2O 含量远远大于 Na_2O，成铜岩体一般 $Na_2O \geqslant K_2O$，铝指数（*A/CNK*，分子数）= 1.07，Al′（=Al-Na-K-2Ca，原子数）多数大于 0，两种指数同 S 型花岗岩一致。因此，已确定的 I、S 两类花岗岩的岩石化学判别指标在东秦岭地区明显发生倒置。

3）微量元素：矿化剂元素 Mo、W 及大离子亲石元素 Nb（$19\times10^{-6}\sim44\times10^{-6}$），Zn（$189\times10^{-6}\sim407\times10^{-6}$）含量均较高，Cr，Ni 含量较低，Cr 含量小于 30×10^{-6}，Ni 含量大部分小于 10×10^{-6}，远远低于太古宙拉斑玄武岩（TH 中 Cr 为 490×10^{-6}，Ni 为 140×10^{-6}；TH、中 Cr 为 250×10^{-6}，Ni 为 125×10^{-6}），有力地说明这类岩石不可能是地幔成因。

4）稀土元素组成：稀土总量 ΣREE 绝大多数岩体小于 200×10^{-6}，平均 185.85×10^{-6}（107 个样品），ΣCe/ΣY=7.15，属轻稀土富集型。δEu 值为 0.74~0.85，Eu 亏损不显著，表现为左高右低的平滑曲线（卢欣祥，1983）。

5）同位素特征：$\delta^{18}O$ 值平均 8.56‰；$(^{87}Sr/^{86}Sr)_i$ = 0.7034~0.714，平均 0.708，高于华南 I 型花岗岩的初始比值，而与 S 型花岗岩相近；铅同位素组成：$^{206}Pb/^{204}Pb$ = 17.039~18.129，$^{207}Pb/^{204}Pb$ = 15.381~15.569，$^{208}Pb/^{204}Pb$ = 37.655~38.509，属正常铅。铅源区的 μ 值介于 8.05~8.75 之间，平均 8.70，明显高于地幔铅演化的 μ 值（7.8~7.9）。源区 Th/U 值介于 3.9~4.3 之间，平均 4.1，低于太古宙地壳的 Th/U 值，与太华群基本一致。铅同位素组成与多伊和扎特曼确定的下地壳的平均值接近，而与上地壳或上地幔的平均值有明显的差别，进一步揭示了深源浅成型花岗岩成岩物质既不是来自上地幔，也不是上地壳，应该是下地壳。

6）形成机制：稀土元素特征表明深源浅成型花岗岩是由部分熔融作用生成，而稳定同位素又指示其来源于深源的环境。王晓霞等（1986）首次在东秦岭该类花岗岩中发现了辉石麻粒岩包体，并计算出岩浆源的深度大于 30 km。刘孝善等（1986）也指出该类岩浆形成时的地壳厚度大于 30 km。付成义（1986）在 I 型（同熔型）花岗岩中发现了宇宙尘埃。王吉君等（1987）在更多的同类花岗岩中发现了宇宙尘埃。因此，我们认为这也是一种壳源岩石，只是比浅源深成型花岗岩的深度大（下地壳）。如果 I 型花岗岩来自地幔或大洋地壳俯冲后的二次分熔，那么为何含有天外来的宇宙物质？前已述及，东秦岭在中生代已成为新的陆块，不存在“B”型俯冲，因此，同熔型与改造型的成因分类标准，在东秦岭也是不适用的。

7）成矿特点：东秦岭深源浅成型花岗岩的成矿作用非常强烈，矿种品类繁多，以 Mo、W、Au 及 Cu、S、Fe 多金属矿为特色，这与华南以 Cu 多金属为主不同。Mo 矿更是闻名遐迩，使东秦岭成为我国乃至世界上最大的 Mo、W 多金属矿带。

（三）深源深成花岗岩

深源深成花岗岩是一种碱性花岗岩，矿床学者亦称为A型花岗岩，分布于古大陆的边缘，东秦岭地区有南北两个带。北带分布于华北古陆块的南部边缘，西起陕西洛南，经栾川，东到河南平舞地区，长达400余千米。带内有一系列大小不一的碱性岩、碱性花岗岩、碱性火山岩和碱性辉长岩，具有双模式特点。豫西南的吐雾山霓辉钠闪花岗岩体与鄂西北的碱性岩体、陕西汉中的铁船山碱性花岗岩体以及它们之间的一些碱性岩、碱性花岗岩体等构成了秦巴地区南部的另一条碱性花岗岩-碱性岩带，该带长达近千米，沿南大陆的北部边缘分布。两条碱性（A型）花岗岩带的发现和厘定对揭示秦岭造山带的地质历史、构造演化有着重要意义。该带花岗岩的发育具有多期次的特点，从新元古代到中生代均有产出（卢欣祥，1986，1989），而龙王礤岩体是秦巴地区发现的最早、时代最老，中国第二例和规模最大的一个深源深成型花岗岩体（卢欣祥，1986，1989）。

1）地质特征：岩石类型为钠铁闪石花岗岩、霓辉石花岗岩、霓辉钠闪花岗岩，等粒中-粗粒结构，均一的块状构造。矿物成分以碱性长石含量较高、含有暗色的碱性矿物（钠铁闪石、钠闪石，霓辉石等）为特征。副矿物含量可达955.3~1789 g/t，并且种类多，尤其含稀土矿物榍石、锆石、褐帘石、氟碳铈矿等，富集时可以成矿。

2）岩石化学特征：以准铝，贫Ca、Mg，富K、Na、多Fe和相对缺水为特征。在QAP图解中，碱性花岗岩的成分点几乎全部位于QA边上，与其他类型花岗岩有明显差别，表明岩浆具有富碱特征。$(K_2O+Na_2O)/Al_2O_3=0.91\sim1.01$，表明虽然富碱，但还未达到强烈过饱和程度，同时也说明Al含量较低。黑云母及钠铁闪石含水量为1.83%，明显缺水。岩石中也只有0.59%的H_2O^+。在区分不同成因类型花岗岩的图解中，它们均投入A型花岗岩区域内，并且可以与国内外典型的A型花岗岩进行对比。

3）微量元素特征：以富含大半径的高价阳离子为特征，如Zr、Nb、Ta、Ga等含量均较高。F含量高达4160×10^{-6}。K/Rb、Ba/Rb值分别为27.35和5.69，同Л. A. 塔乌松所确定的重熔花岗岩相近。F在A型花岗岩中替代了（OH）a的作用，因为F在硅酸盐熔体中具有和水一样的性能，可以使熔体解聚，进而岩浆易于运移。

4）稀土元素：该类花岗岩的稀土元素含量很高，一般大于500×10^{-6}，最高可达1000×10^{-6}以上，居秦岭各类花岗岩之首。$\sum Ce/\sum Y=2.95\sim4.96$，平均4.17，轻重稀土明显分离。$\delta Eu=0.18\sim0.26$，平均0.24，是所有花岗岩中最小的。模式曲线呈左边略高、右边较低的尖“V”形，与其他各种花岗岩极易区别。Eu的强烈亏损表明其为地壳深部物质分熔的结果。由于流体中富F，使Eu可能形成稳定的混合物而被淋滤掉，同样可以使Eu强烈亏损。

5）稳定同位素特征：$\delta^{18}O=10.89‰\sim12.00‰$，$(^{87}Sr/^{86}Sr)_i=0.7250$，比幔源花岗岩高得多。王尔康等（1988）还在A型花岗岩中发现了含有陨石矿物的宇宙微球粒，表明生成A型花岗岩的源岩必须经过地表或海底的沉积作用才会有这些天外来客的加入。经测定，宇宙尘的熔点大于1200℃，部分熔融的A型花岗岩浆必须低于这个温度，才能使宇宙物质不被熔融而得以保存。地幔中的温度显然要高得多。综上所述，A型花岗岩不是幔源而是壳源的，只是形成深度比较大，东秦岭莫氏面的深度为30~45 km，栾川地区为40~45 km，龙王礤A型花岗岩的形成深度可能与之相当。

6）形成机制：从岩石地球化学及相对缺水的情况来看，A型花岗岩应该是一种“干”岩浆。地壳的中、上部是含水的，只有下地壳的麻粒岩才是相对缺水或无水的。之前的研究已经表明东秦岭中新元古代在太古宙和古元古代的克拉通基底上发育了一套裂谷系（张国伟等，1987），地球化学特征也证明A型花岗岩是发生在板内的岩浆作用，是下地壳的麻粒岩在F、Cl，特别是在F而不是水的作用下发生部分熔融，然后经过分异演化形成了偏碱性的“干”岩浆。由于处于板内非造山的环境，岩浆在初始岩浆房中发生充分的分异，在裂谷中上侵和就位，从而形成了不同于其他地区和没有晶洞发育、结构和成分非常均一的东秦岭龙王礤A型花岗岩（1600 Ma，U-Pb）。因此，我们认为这是一种形成深度比I型花岗岩深，而且比S型花岗岩更深的深源深成型花岗岩。

（四）幔源浅成花岗岩

东秦岭还发育有一种与蛇绿岩有关，并由其分异演化而成富钠花岗岩。该岩体分布广泛，规模不大，与围岩火山岩（蛇绿岩）界线不明显，呈过渡状态，主要分布在二郎坪和丹凤古生代蛇绿岩套中，其中，以二郎坪蛇绿岩中的白虎岭英云闪长岩和西庄河斜长花岗岩最为典型。

1）地质特征：白虎岭英云闪长岩和西庄河斜长花岗岩产于瓦穴子断裂和商丹断裂所限定的东秦岭加里东构造岩浆岩带中（卢欣祥，1978，1980），即东秦岭古生代蛇绿岩带（卢欣祥，1983；林潜龙等，1984）。二郎坪群火山岩（350~462 Ma，K-Ar；510~570 Ma，Rb-Sr）是它的熔岩部分，白虎岭和西庄河岩体侵位在其上部层位（火神庙组）中，二者产状一致，界线不清或互相过渡，英云闪长岩或斜长花岗岩中含有细碧岩（拉斑玄武岩）的包体（图 2）。这些岩石部分为斑状结构，证明它们有过喷发的历史。M 型花岗岩具有明显的幔源浅成的性质。岩体同位素年龄为 575.5±7.96 Ma（Rb-Sr），属早古生代。

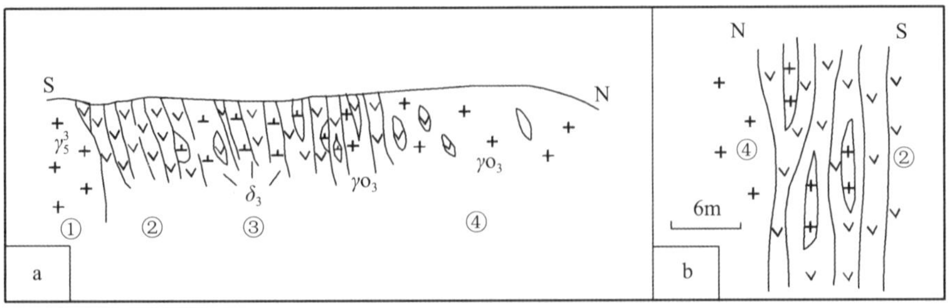

图 2　M 型花岗岩与二郎坪蛇绿岩接触关系

（卢欣祥，1986）

a—张坪头剖面；b—两河口剖面

①—燕山期花岗岩；②—二郎坪火山岩；③—英云闪长岩；④—斜长花岗岩

副矿物主要为磁铁矿、磷灰石、榍石和硫化物等。英云闪长岩中有铬铁矿、磁黄铁矿和钛铁矿。斜长花岗岩中有金红石和曲晶石，表明它们和富铬、硫化物的基性岩浆有成因联系。普遍含有磁铁矿表明生成岩浆的氧逸度较高，并且从基性到酸性氧逸度是逐渐增高的，从而出现了金红石。

2）岩石地球化学特征：突出的表现是 Na_2O 高于 K_2O，且 SiO_2 含量低。英云闪长岩 SiO_2 平均含量 52.15%，Na/K=1.3~5.24，Na>>K；斜长花岗岩 SiO_2 平均含量 67.57%，Na/K=1.25~1.58，仍然是 Na 高于 K。在 AFM 图解上中投影点靠近 A 端，表明岩石碱质尤其是钠质富集，从而缺乏铁的富集，并与二郎坪蛇绿岩中的超基性、基性岩一起构成一条完整的由基性向酸性演化的曲线，说明 M 型花岗岩是由基性岩浆分异演化而来，是幔源浅成型的花岗岩。但是斜长花岗岩的投影点低于大洋斜长花岗岩，该类岩石的第一过渡族元素曲线形态呈现清楚的“W”型，即 Cr、Co、Ni 的含量是逐渐降低的，并与本洞、西裘等典型的 M 型花岗岩一致。

在 K-SiO_2 的半对数图解、Rb-Sr 对数图解及常量与微量元素的地球化学直方图表明东秦岭的 M 型花岗岩不是典型的大洋斜长花岗岩。同样作为 M 型花岗岩母岩浆的二郎坪蛇绿岩，也不是典型的大洋中脊的产物，与典型的岛弧蛇绿岩也不尽相同，其形成应该是介于二者之间的弧后边缘海环境（张国伟，1987；涂金顺，1988；李彩，1989）。

3）稀土元素特征：东秦岭 M 型花岗岩的稀土元素总量不高，且为轻稀土富集型，模式曲线与同源的蛇绿岩中的基性熔岩一致，并同国内已知的 M 型花岗岩相同。稀土元素含量及其特征值随岩浆由基性向酸性的演化，也发生相应地规律变化，这种变化揭示了岩浆的正向演化规律。也进一步表明，虽然其数量有限，蛇绿岩中的幔源基性岩浆可以分离结晶出较酸性的 M 型花岗岩浆。

4）稳定同位素特征：氧同位素（全岩），英云闪长岩的 $\delta^{18}O$ 值为 9.83‰~12.78‰，平均

10. 91‰。斜长花岗岩 $\delta^{18}O$ 值为 9. 77‰~11. 78‰，平均 11. 05‰。与其同源的细碧岩 $\delta^{18}O$ 值为 8. 34‰~11. 01‰，少数可达 19. 33‰~21. 67‰（符光宏，1986）。它们同国外德尔港蛇绿岩中的细碧岩的 $\delta^{18}O$ 值一致，后者 $\delta^{18}O$ 值为 8. 3‰~19. 6‰，一般都大于 10‰。$(^{87}Sr/^{86}Sr)_i$ = 0. 7045，板山坪岩体为 0. 70515，比地幔岩浆的初始值略高，但比秦岭其他花岗岩的初始值低。

5）东秦岭在早古生代曾发生过岛弧俯冲为标志的现代板块构造体制的俯冲作用（张国伟，1987）。M 型花岗岩就是在这种构造背景下形成的。

三、花岗岩是东秦岭地壳的重要组成部分和构造演化的物质记录

广泛分布的各类花岗岩是东秦岭大陆地壳的重要组成部分，它们侵位于地壳的不同的深度范围内。地球物理，尤其 QB-I 剖面，揭示出东秦岭地壳在 10~15 km 和 30 km 深度有两个高导低速层存在，测定出的莫氏面的最大深度为 40~45 km。这些不同深度的结构面也正是东秦岭不同成因花岗岩的形成部位。花岗岩占据了东秦岭地壳剖面的不同层位。最浅的为浅源深成型花岗岩，其形成深度小于 10~15 km，位于上地壳。深源浅成型花岗岩约在≥30 km 的深度形成，位于下地壳。深源深成（A 型）花岗岩的深度更大，大致在莫霍面的底界处。幔源浅成（M 型）花岗岩则位于上地幔。

不同的构造环境可以形成不同类型的花岗岩，这些花岗岩又是地壳构造演化的见证。秦岭南北两个 A 型花岗岩带揭示出秦岭造山带中新元古代曾有过拉张的裂谷环境。M 型花岗岩的发现证明了秦岭造山带在加里东期曾发生过 B 型板块俯冲作用，由拉斑玄武岩浆分异相演化出了规模不大的酸性岩浆。深源浅成型花岗岩是在华北与扬子两大板块对接之后，由陆-陆碰撞造成的推覆叠置（陆内俯冲）作用所形成，并非大洋地壳俯冲或地幔分异。虽然源岩有火山物质的存在，但其发生部分熔融形成花岗岩时，显然已经不是地幔而是地壳的成分了。浅源深成型花岗岩出现在不同的构造岩浆旋回中，由于秦岭地壳偏基性且岩石的成熟度不高，所以使其具有明显的双重性，即在野外产状、岩石特征和岩相学上具有典型的浅源深成型花岗岩特征，但在稳定同位素和地球化学等方面由于继承了源岩的特征而表现出不少深源浅成型花岗岩的特点。这进一步说明不同地区的花岗岩是不一样的，不可能有适用于一切地区的统一分类模式。

岩浆的侵入活动是壳幔地质作用发生在地壳中的一种重要方式，主要发生于构造运动相对强烈的构造活动带。在构造运动的不同阶段（如俯冲-碰撞造山等）以不同的构造作用方式（伸展、挤压、走滑）发生不同类型的岩浆侵入作用。大陆造山带作为地壳历史中的活动带，常发育有大量侵入岩，尤其是花岗岩类。因此，花岗岩类就成为探索造山历史以及地壳演化过程中最直接、最可靠的物质载体，也成为探索大陆动力学及其深部过程的重要探针和窗口。

第三章　东秦岭-大别山与花岗岩有关的 Mo、Au、Cu 矿产

根据花岗岩与金属矿产的关联性，本次选择 Mo、Cu、Au 3 种金属矿产进行了研究，他们是东秦岭-大别山地区分布最广、规模最大、与花岗岩关联性最强的金属矿产，这些矿床主要赋存于花岗岩体及其接触带中。其中，最有意义的一类是产在小岩体中的斑岩、爆破角砾岩和相关矽卡岩型矿床，其次为产在大花岗岩基中的构造蚀变岩型或石英脉型 Au、Mo 矿床（图 3）。产于各类地层中的脉型矿产，如小秦岭的石英脉型 Au 矿、熊耳山地区中的构造蚀变岩型 Au 矿及黑色岩系中的 Cu、Mo、Au 矿均不属于本次的研究范围。

一、钼矿床

钼矿是本区亦是中国的优势矿产，不仅规模大、类型多、成矿期次也多，成矿时代从元古宙—古生代—中生代均有产出，而且中生代成矿规模最大。东秦岭-大别山地区是中国钼矿床的重要研究和生产基地，已探明的钼矿储量近千万吨，其中沙坪沟、金堆城、南泥湖-三道庄、上房等钼矿床储量已超过百万吨，有 7 个超过 50×10^4 t 的世界级的超大型钼矿床。包括了图中已有的内生钼矿类型，而幔源石英-碳酸岩（方解石）脉型及萤石-辉钼矿型为本区所特有。根据钼矿床的地质特征、矿体分布形态、产状、热液蚀变、矿物组合、与花岗岩的空间配置或依存关系以及近来的新发现、新进展，初步将秦岭-大别山地区与花岗岩有关联的钼矿床划分成 3 个类型、6 个亚型和 7 个矿床式（卢欣祥，2011）（表 1）。本区钼成矿时代之早、期次之多、类型之复杂、规模之大，在世界上绝无仅有的。

表 1　秦岭-大别山与花岗岩有关联的钼矿床类型简表

矿床类型	矿床亚型	矿床模式	产出特征	矿床实例
斑岩型	斑岩亚型	汤家坪式	钼矿全部圈闭在斑岩体中	汤家坪、尚古寺、杓留、母畈、宵畈、宝安寨（张家店）等
		金堆成式	钼矿产在斑岩体及接触带中，接触带的矿远远多于斑岩体中的矿	金堆城、石家湾、马圈、东沟、夜长坪、后瑶峪、银家沟、千鹅冲、
	斑岩-爆破角砾岩亚型	雷门沟式	钼矿产于斑岩及爆破角砾岩中	雷门沟、罗村、鱼池岭、秋树湾、满子沟、夜长坪、南台、沙坪沟
	斑岩-矽卡岩亚型	南泥湖-三道庄式	矿体产在斑岩及其内外的矽卡岩中	南泥湖-三道庄、大银尖、木龙沟、上房、银家沟、八宝山等
伟晶岩型	伟晶岩亚型	秦南式	钼矿产在伟晶岩中	秦南、石家峪 矿床规模大不、数量不多，本文从略
石英-碳酸岩型（幔源型）	石英-碳酸岩脉亚型	纸房式（河南省）	钼矿产在火成石英-碳酸岩中	纸房（大王沟）、香椿沟、大西沟、土地岭、凡台沟、前范岭、茅沟、石门沟
	石英-碳酸岩脉及相邻围岩中	黄龙铺（大石沟式）（陕西省）	钼矿床在石英-碳酸岩及其相近围岩	大石沟、黄龙铺、栗园、西沟、驾鹿、小夫峪、华阳川、坦头、板岔、二道河

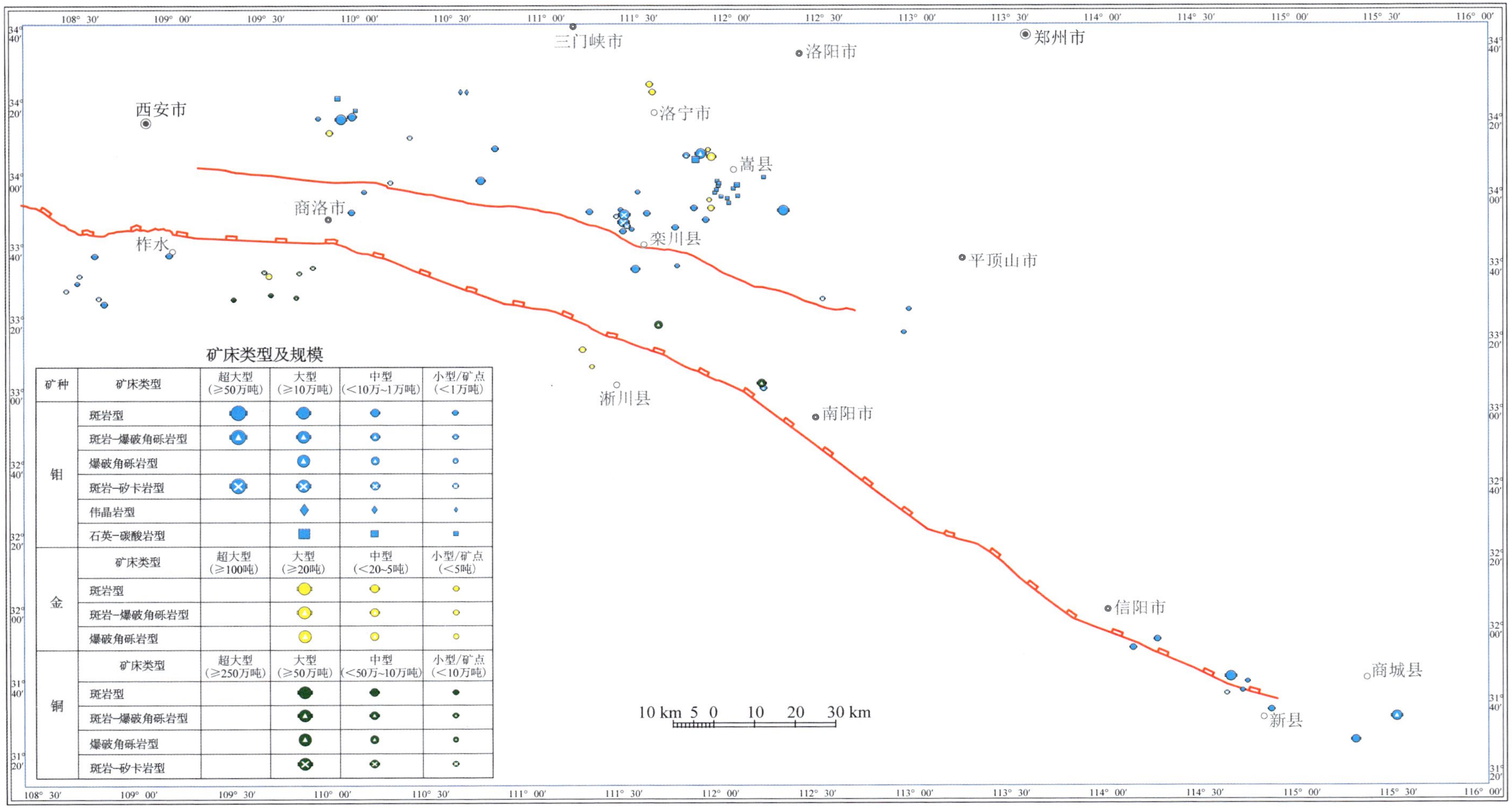

图3 东秦岭-大别山地区Mo、Au、Cu矿床空间分布图

（一）斑岩型钼矿床

斑岩型钼矿是秦岭-大别山地区最主要、经济意义最大、研究程度最高的矿床类型，其储量几乎占本区钼资源总量的90%以上。斑岩型钼矿床是一个广义的概念，包括以下几类：与小型浅成-超浅成的酸性-中酸性斑岩侵入体、与岩浆地下爆破而成的爆破角砾岩、斑岩与碳酸盐围岩形成的矽卡岩有关的斑岩钼矿床系列。斑岩型钼矿可划分为 3 个亚型，即斑岩亚型、斑岩-爆破角砾岩亚型、斑岩-矽卡岩亚型。

斑岩型亚型是指产于斑岩及其内外接触带的钼矿床，这是狭义或经典意义的斑岩型钼矿床。矿石为浸染或细脉浸染状，矿体呈层状和似层状，规模厚大，最厚可达几十至几百米。矿化连续，矿体延长较远，长达几百米甚至上千米（如金堆城、南泥湖、东沟等矿床）。矿体的大小是根据化学分析结果圈定的，钼矿化沿斑岩体的接触带向两侧进行，由于矿体围绕斑岩体及其外接触带分布，故有些矿床的矿体呈环状分布。此类矿床的矿体长宽比不大，呈近等轴状，但延深较大。根据钼矿化与斑岩体的空间关系，可以划分出以下矿床式。

1. 金堆城式

金堆城式钼矿区位于陕西省东部洛南金堆城地区，地处华北板块南缘构造带西段。目前，该钼矿规模已近百万吨以上，且品位较高（黄典豪等，1985）。

1.1　矿床地质

矿区出露地层为太古宇太华岩群变质岩、中元古界熊耳群火山岩和中元古界官道口群高山河组石英岩（图 4）。太华群分布于矿区的北部，矿区内主要为熊耳群火山岩及高山河组石英岩。

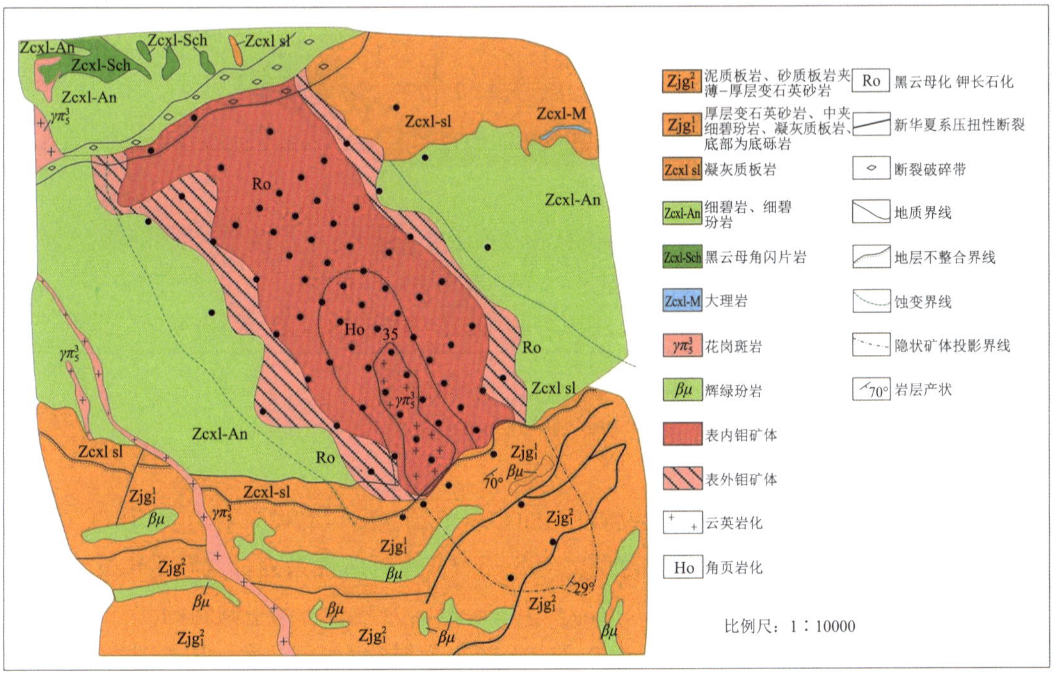

图 4　陕西华县金堆城钼矿床地质图

（据陕西省金堆城地质队，1959）

矿区内断裂构造发育，主要为近东西向和北西向两组，这两组断裂交会处往往控制花岗斑岩和钼矿床的分布。

1.2　赋矿岩体

金堆城钼矿赋存于著名的金堆城斑岩体及其接触带中（图 5）。岩体呈岩筒状，深部长 2000 m，地表的裸露长 450 m，宽 150 m，面积约 0.35 km^2。岩体为北宽南窄，向北西延伸，呈岩株状侵位于熊耳群火山岩内。岩石呈肉红色、浅肉红色，斑状和聚斑状结构，斑晶为石英、钾长石，基质主要由石英、钾长石、钠长石及少量黑云母组成，副矿物有磁铁矿、锆石、磷灰石等。成矿岩体和围岩以接触带为中心向两侧发生强烈而广泛的热液蚀变，主要有钾长石化、黑云母化、青磐岩化、硅化、绢云母化、黄铁绢英岩化，并组成典型的斑岩型热液蚀变分带。

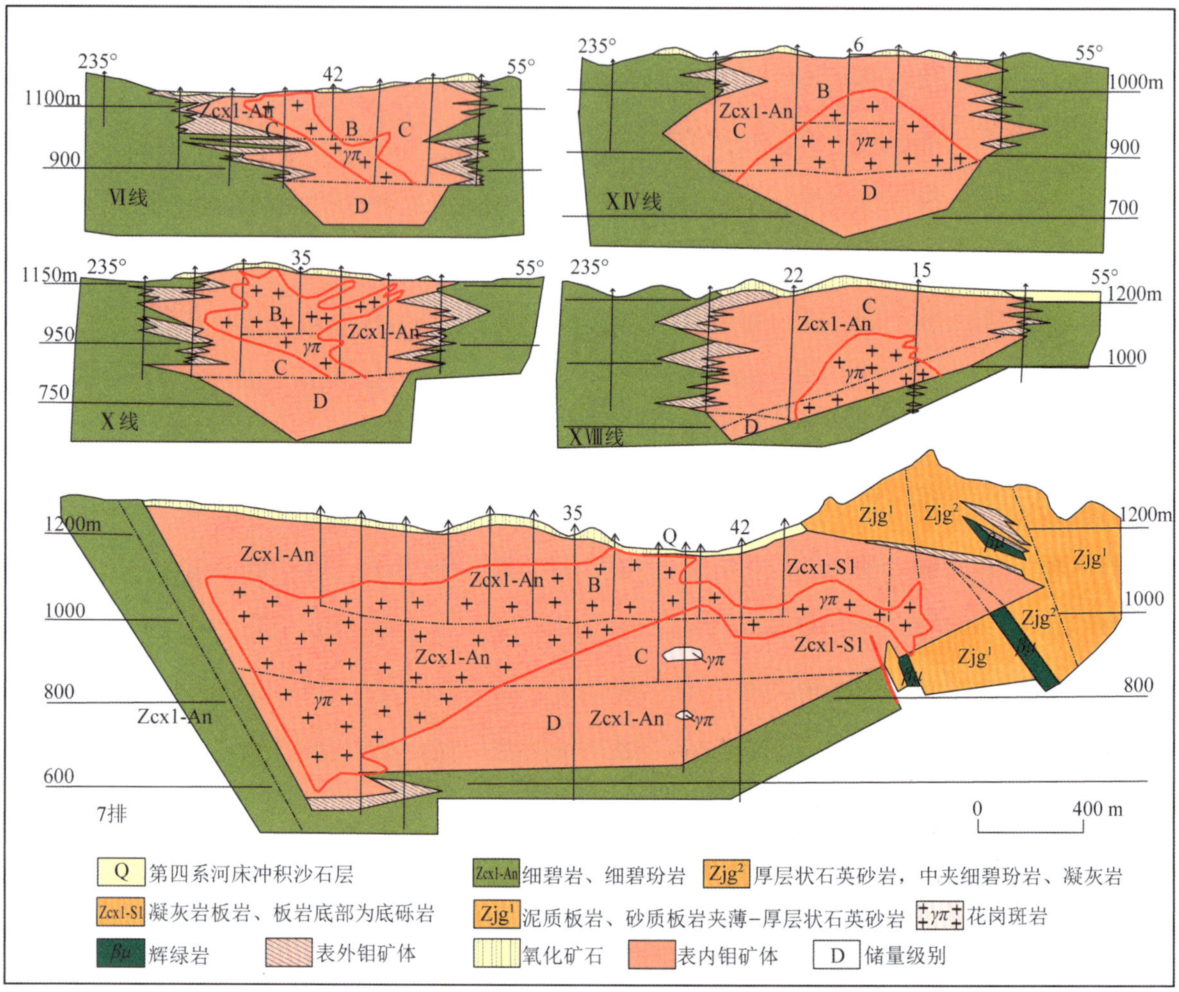

图 5　金堆城钼矿床纵剖面图

（据陕西省金堆城地质队，1959）

金堆城岩体具有高硅、富碱、高钾的特征，SiO_2 含量为 72%～77%，平均 Na_2O+K_2O 总量大于 7%，K_2O/Na_2O 值大于 1.3，里特曼指数范围为 1.8～3.3，为钙碱性系列。岩石 ΣREE 变化范围大，为 43.29×10^{-6}～93.94×10^{-6}，LREE/HREE 值为 6.72～9.21，为左高右低平倾斜的“V”字形。Eu 和 Ce 均为负异常，δEu 为 0.43～0.78，δCe 为 0.74～0.86，为弱的 Ce 负异常。岩石具有较高的大离子亲石元素含量（Rb 为 308×10^{-6}～466×10^{-6}、Sr 为 55.7×10^{-6}～2126×10^{-6}、Ba 为 411×10^{-6}～14186×10^{-6}），高场强元素（HSPE）Zr 和 Nb 含量较高（Zr 为 56.1×10^{-6}～1236×10^{-6}、Nb 为 30×10^{-6}～63.7×10^{-6}），但 Ta 含量较低（1.6×10^{-6}～3.68×10^{-6}）。在原始地幔标准化微量元素蛛网图上显示大离子亲石元素（K、Rb）相对富集，Nb、P 和 Ti 相对亏损，Rb/Sr 值小于 7，Rb/Ba 值小于 1（李洪英等，2011）。

岩石 $^{206}Pb/^{204}Pb$ 值为 16.797～18.079，$^{207}Pb/^{204}Pb$ 值为 15.371～15.498，$^{208}Pb/^{204}Pb$ 值为 37.464～38.139。铅构造模式图解中，金堆城斑岩体主要落在地幔线和造山带线之间，多数靠近地幔线，反映

岩石的深源属性。

岩石$^{87}Sr/^{86}Sr$值为0.7168~0.7278，根据金堆城花岗斑岩的U-Pb年龄（143 Ma）所计算得到的Sr同位素初始比值（I_{Sr}）为0.7011~0.7053，$^{143}Nd/^{144}Nd$测定值为0.5117~0.5118，$\varepsilon_{Nd}(t)$值为-15.2~-13.8。在（$^{87}Sr/^{86}Sr$）$_i$-$\varepsilon_{Nd}(t)$图解中，金堆城花岗斑岩样品点投在了地壳线和富集地幔线之间，主要靠近I型富集地幔。

金堆城花岗斑岩体锆石LA-ICPMS U-Pb年龄为143.36±0.85 Ma（郭波等，2009）、140.95±0.45 Ma（朱赖民等，2008）、141±1 Ma（杨力等，2010）、143.7±3.0 Ma（焦建刚，2010）。

1.3 矿体特征

钼矿化主要发生在斑岩体内及其相连的外接触带围岩中，辉钼矿呈细脉、网脉状分布于含矿花岗斑岩、玄武安山岩和石英岩中。斑岩和围岩同时构成矿体，围岩中的矿体规模及矿量远远大于斑岩体内的矿量。斑岩体内及下部常有无矿核（图5）。矿床规模巨大，矿体长2000~2200 m，宽700~800 m，厚度500~700 m（卢欣祥等，2011）。

矿石类型分为3种：花岗斑岩型、玄武安山岩型和石英岩型。矿石结构主要为粒状结构，矿石构造为浸染状-细脉状、网脉状、脉状等。

1.4 成矿条件

1.4.1 流体特征

包裹体形态上可分为气液两相包裹体、含CO_2三相包裹体和富（纯）CO_2相包裹体，显示为地幔来源。包体均一温度为160~340℃，峰值温度在200℃左右，即主成矿温度，该温度比同一成矿带中其他钼矿稍低。本矿床中Re含量很高，使本矿成为该区一个大型Re矿床。平均盐度在10%左右（郭波等，2009）。

1.4.2 同位素特征

S同位素：黄铁矿$\delta^{34}S_{DT}$值介于1.33‰~5.60‰之间，平均值为4.33‰，辉钼矿$\delta^{34}S_{DT}$值的变化范围在2.90‰~6.19‰之间，平均值为4.21‰，均为较小的正值，其分布具明显的塔式效应，与幔源硫接近，但与正常幔源硫相比略有偏离，表明矿床的矿化剂硫主要为幔源硫，但混入了少量壳源硫。

C同位素：方解石$\delta^{13}C$（PDB）值为-6.510‰~-4.555‰；$\delta^{18}O$（PDB）值为-25.750‰~-16.501‰（刘孝善等，1986）。

H-O同位素：石英脉$\delta^{18}O_{H_2O}$变化范围为7.77‰~10.12‰，δD变化范围为-57.22‰~120.69‰，从成矿前阶段→成矿主阶段→成矿晚阶段，$\delta^{18}O_{H_2O}$和δD值有逐渐降低的趋势，说明成矿流体早期主要受到来自深部岩浆热液的影响，晚期伴有雨水加入。

Pb同位素：矿石硫化物和含矿花岗斑岩的铅同位素组成变化范围不大（$^{206}Pb/^{204}Pb$=17.403~15.251；$^{207}Pb/^{204}Pb$=15.382~15.528；$^{208}Pb/^{204}Pb$=37.673~38.198），表明岩体和矿石具有相同的铅来源，主要属深源铅或地幔铅。

1.5 矿质沉淀机制

东秦岭钼矿带，成岩成矿为同一地球动力学背景下产生，都与东秦岭在中生代的陆内A型俯冲有关，在早白垩世（距今约140 Ma），秦岭造山带发生大范围的伸展，早期的碰撞或逆冲推覆使得下地壳增厚，在向伸展机制转换的过程中，下地壳处于强烈的减压增温条件下发生部分熔融，形成碰撞改造型花岗岩基，而在断裂带附近则有地幔物质的上涌，加热下地壳发生部分熔融并与底侵的基性岩浆混合，形成同熔型花岗斑岩及斑岩型矿床。

1.6 成矿方式

金堆城斑岩型钼矿床的钼矿化主要发生在斑岩体内及其相连的外接触带围岩中，斑岩和围岩同时构成矿体，围岩中的矿体规模及矿量远远大于斑岩体内的矿量。斑岩体内及下部通常没有矿核。据卢欣祥等（2011）的分类，这一类型矿化属于成矿流体与岩浆同步运移，或迟或速，但均与岩浆体系相差不远。这一岩浆体系的岩浆粘度较小，流体系统进入岩浆系统中并与其合为一体。虽然低密度、大浮力的流体系统对岩浆系统的侵位起到推动作用，但是流体系统始终无法摆脱岩浆系统分配束缚。因此含矿流体将会浸润岩浆系统的每个角落，形成浸染状矿化。

2. 汤家坪式

汤家坪式斑岩型钼矿位于大别山造山带（图 6）。全矿区各类钼矿石量 37052×10^4 t，金属量 235044 t，达大型钼矿床规模，矿床品位为 0.0027%～2.40%，平均品位 0.076%（杨泽强，2007；高阳，2014）。钼矿体完全产在斑岩体内，围岩中无或弱矿化，这在斑岩矿床中十分罕见。

2.1 矿区地质特征

矿区地层比较简单，主要为元古宇苏家河群黑云斜长片麻岩、角闪斜长片麻岩和第四系。地层总体走向为北西—北北西，局部北东或近南北，片麻理产状零乱（高阳，2014）。

矿区主要发育两组小断裂构造，其一，走向近东西（北西西或南西西），倾向南、南西，或北、北东。以压扭性为主；其二，走向北北东，倾向北西西，以张扭性为主。这两组断裂为汤家坪钼矿提供了容矿空间（高阳，2014）。

矿区内出露的岩浆岩主要为汤家坪斑岩和少量脉岩。其中汤家坪斑岩体与成矿关系密切。脉岩出露较少，且分布零星，主要有石英岩脉、花岗细晶岩脉及闪长玢岩脉（图 4）。

2.2 赋矿岩体——汤家坪花岗斑岩

汤家坪花岗斑岩体地表形态为一东南宽、北西窄的牛角形（图 6），出露面积 0.40 km^2。呈不规则小岩株状，剖面上岩体呈正“八”字形外倾，东部倾角较陡，西部较缓。南北方向长 1200 m，东南部宽 600 m。岩体由花岗斑岩和似斑状花岗岩组成。岩石为灰白-肉红色，斑状结构，局部似斑状结构，基质具细粒-微细粒花岗结构，块状构造。岩体中常见角闪安山岩包体，其成分与苏家河群火山岩近似。

岩石具有高硅（SiO_2 72.06%～78.08%）、过铝（Al_2O_3 11.81%～15.56%）、高钾、贫钠的特征。里特曼指数为 1.44～3.03，为钙碱性系列。*A/CNK* 介于 0.95～1.2 之间，多数小于 1.1，为弱过铝质。（Na_2O+K_2O）为 7.9%～9.66%，K_2O/Na_2O 值为 0.97～2.73，整体属高钾钙碱性系列（杨泽强，2009；王爱枝等，2009；魏庆国等，2010；高阳，2014）。

汤家坪岩体富集大离子亲石元素 K、Rb、Th、Ta、Nb、Ce，轻微亏损 Zr、Sm，严重亏损 Y、Yb。∑REE 含量为 74.2×10^{-6}～275.04×10^{-6}，LREE/HREE 值为 17.29～21.22，属轻稀土富集型。在稀土元素配分模式上呈左高右平倾斜的“V”字型，δEu 为 0.40～0.59，Eu 负异常中等，岩石中 Dy、Ho 略亏损，Y/Yb 值为 5.5～7.4，说明角闪石为主要源区残留相，石榴子石次之（杨泽强等，2009；王爱枝等，2009；魏庆国等，2010；高阳，2014）。

Hf 同位素：$^{176}Hf/^{177}Hf$ 值介于 0.282207～0.282402 之间，$^{176}Lu/^{177}Hf$ 值介于 0.000764～0.003067 之间，$\varepsilon_{Hf}(t)$ 值为-17.6～-6，加权平均值为-14.1±0.5。单阶段模式年龄 T_{DM1} 为 1255～1481 Ma；两阶段模式年龄 T_{DM2} 为 1843～2281 Ma，与苏家河群年龄相当。低的 $\varepsilon_{Hf}(t)$ 值和古老的 Hf 模式年龄表明，汤家坪花岗斑岩来源于地壳物质（魏庆国等，2010；高阳，2014）。

Sr-Nd 同位素：$^{87}Sr/^{86}Sr$ 值为 0.725237～0.741223，$^{87}Rb/^{86}Sr$ 值为 13.1678～19.4881。根据汤家坪花岗斑岩的 U-Pb 年龄（126 Ma）所计算得到的 Sr 同位素初始比值（I_{Sr}）为 0.7003～0.7075。$\varepsilon_{Nd}(t)$ 变化于-13.7～-15.5，$f_{Sm/Nd}$ 值变化于-0.51～-0.59 之间，T_{DM2} 年龄介于 2034～2178 Ma 之间，揭示汤家坪花岗斑岩来源于古老的地壳物质，与 Hf 同位素的结果吻合。结合 Sr 同位素数据，排除亏损地幔加入的可能，认为源岩可能有部分低成熟度的地壳组分加入（魏庆国等，2010；高阳，2014）。

成岩时代：汤家坪花岗斑岩的年龄为 120±3 Ma（锆石 LA-ICP-MS，杨泽强等，2007）；121.6±4.6 Ma（锆石 LA-ICP-MS，魏庆国等，2010）；115±1 Ma（锆石 SHRIMP，高阳，2014），汤家坪钼矿辉钼矿 Re-Os 年龄为 113.1±7.9 Ma（杨泽强等，2007），属燕山期。

2.3 矿体特征

汤家坪钼矿体呈似层状赋存于汤家坪花岗斑岩体内，总体走势向南西方向倾伏，倾角约 20°，向

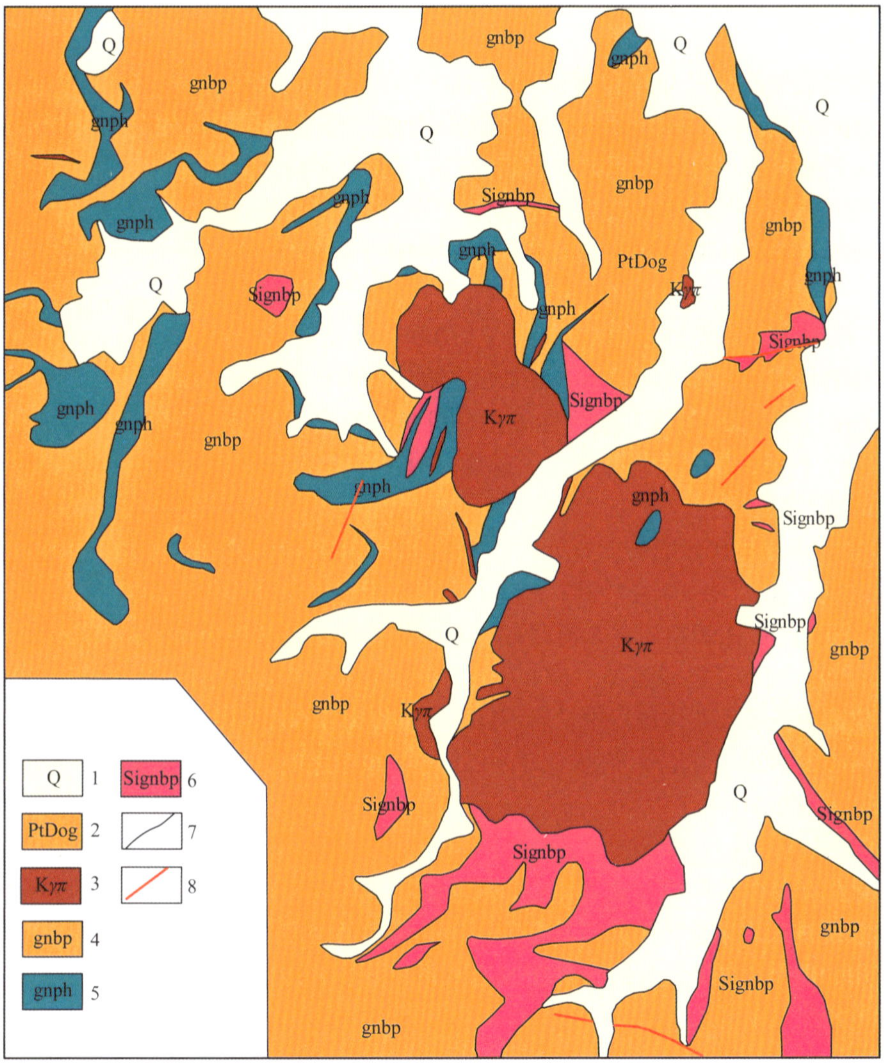

图 6　河南省商城县汤家坪钼矿平面地质图

（据杨泽强，2007）

1—第四系；2—中元古界大别深成变质岩系；3—早白垩世汤家坪花岗斑岩；4—黑云斜长片麻岩；5—斜长角闪片麻岩；6—硅化黑云斜长片麻岩；7—实测地质界线；8—断层

东北方向翘起尖灭。90%以上钼工业矿体赋存于斑岩体内（高阳，2014）。

金属矿物主要为辉钼矿、黄铁矿，其次为磁铁矿、方铅矿、黄铜矿等；脉石矿物主要为石英、钾长石、斜长石、绢云母、白云母、方解石等。

2.4　围岩蚀变

蚀变类型主要有硅化、钾化、绢英岩化及绿泥石化等。水平方向从岩体中心向外到围岩可划分出3个蚀变带：钾化-硅化带、硅化-绢英岩化带、硅化-绿泥石化带。

2.5　成矿期次

汤家坪矿床成矿分为3个阶段：第一阶段，为岩浆期后气液交代阶段，主要形成面型钾化和硅化蚀变。第二阶段，为主成矿阶段，伴随着大规模的石英网脉状硅化、钾长石化和绢英岩化，形成各种含辉钼矿石英脉，包括石英-黄铁矿-辉钼矿脉、石英-辉钼矿脉及石英-钾长石-辉钼矿脉。第三阶段，为低温热液阶段，主要形成石英-方解石脉或石英-萤石-方解石脉，局部见少量黄铁矿产出（李明立，2009；高阳，2014）。

2.6 成矿条件

2.6.1 流体特征

汤家坪矿床包裹体类型有 CO_2 包裹体（PC 类）、CO_2-H_2O 型包裹体（C 类）、含子晶多相包裹体（S 类）、水溶液包裹体（W 类），以 CO_2 包裹体为主。早阶段包裹体内含大量指示氧化条件的赤铁矿子晶以及一些石盐、钾盐、黄铜矿、脆硫锑铅矿子晶。中阶段除石盐、钾盐子晶外，还含大量黄铜矿、脆硫锑铅矿子晶，指示中阶段流体还原性较强。晚阶段以水溶液包裹体为主。

流体温度主要集中在 130~470℃之间，其中早阶段包裹体均一温度大于 375℃，中阶段均一温度集中在 235~335℃之间。盐度集中在 1.4%~54%之间，少数可达 62.10%，流体密度为 0.38~1.21 g/cm^3，指示成矿流体是高温高盐度流体（杨艳等，2008；王运等，2009）。

综上所述，初始成矿流体具有高温、高盐度、高氧化性、富 CO_2、高金属元素含量为特征；中阶段流体发生沸腾，导致 CO_2 逃逸，氧化性降低，成矿物质快速沉淀；晚阶段流体以低温、低盐度、无子晶、贫 CO_2 为特征，属于大气降水（王运等，2009）。

2.6.2 同位素特征

H-O 同位素：汤家坪矿床成矿期石英 $\delta^{18}O$ 值在 8.6‰~11.1‰之间，平均 9.47‰；δD 值分布在 -58‰~-84‰之间，在 $\delta^{18}O$-δD 关系图中，落入岩浆水附近（杨泽强等，2007）。

S 同位素：汤家坪矿床辉钼矿 $\delta^{34}S$ 值在+3‰左右，黄铁矿 $\delta^{34}S$ 值为 0.4‰~4.1‰，表现出深源硫的特征（卢欣祥等，1980；杨泽强等，2009；河南省区域地质调查队，1992；高阳，2014）。

Lu-Hf 同位素：汤家坪花岗斑岩中锆石 $^{176}Lu/^{177}Hf$ 值为 0.000793~0.003067，$^{176}Hf/^{177}Hf$ 值变化范围为 0.282220~0.282420，$\varepsilon_{Hf}(t)$ 值变化于-17.0 到-6.0 之间，Hf 的二阶段模式年龄（T_{DM2}）为 1.82~2.25 Ga（高阳，2014）。

2.7 成矿方式

汤家坪矿床的矿体主要赋存在斑岩体中，属于成矿流体与岩浆同步运移。这时岩浆体系的岩浆粘度较小，流体系统进入岩浆系统中并与其合为一体。虽然低密度、大浮力的流体系统对岩浆系统的侵位起到推动作用，但是流体系统始终无法摆脱岩浆系统分配束缚。因此含矿流体将会浸润岩浆系统的每个角落，形成浸染状矿化。

3. 南泥湖-三道庄斑岩-矽卡岩型钼矿床

南泥湖-三道庄矿床位于华北板块南缘的河南省栾川县冷水镇，区域上分南泥湖和三道庄两个矿区，南泥湖-三道庄钼矿床由同一地质作用、相同成因的南泥湖斑岩型矿床和三道庄矽卡岩型钼矿床构成，二者矿化相同。矿体相连，南泥湖和三道庄是人为地划分矿段（图 7）。

Mo 金属量总计约 140×10^4 t，WO_3 总量约 64×10^4 t，其中南泥湖矿区的 Mo 金属量约为 65×10^4 t，平均品位约 0.060%；WO_3 总量约 8.7×10^4 t，平均品位 0.081%。三道庄矿区钼金属量约 75×10^4 t，平均品位约 0.109%；WO_3 总量为 55.5×10^4 t，平均品位约 0.112%。

3.1 矿床地质特征

南泥湖-三道庄钼（钨）矿区内出露地层主要有中元古界官道口群含燧石条带白云质大理岩和新元古界栾川群白术沟组、三川组、南泥湖组和煤窑沟组（图 7）。主要赋矿层位为栾川群三川组上段以及南泥湖组中段和下段。在三道庄矿区深部发现了赋存于白术沟组上段的下层矿（罗铭玖等，1996）。

南泥湖矿区主要受近东西向的黄背岭-石宝沟、青和堂、银洞沟等褶皱构造；北北东向的黄背岭-南泥湖-马圈断裂带；石宝沟-庄科断裂带以及北西西向的南庄口-三道庄背斜、包头寨-南泥湖向斜等构造的复合控制（周作侠等，1993）。

3.2 南泥湖岩体特征

南泥湖岩体是赋矿岩体，出露于矿区东南部，岩体出露面积较小，平面上呈不规则椭圆状，长轴

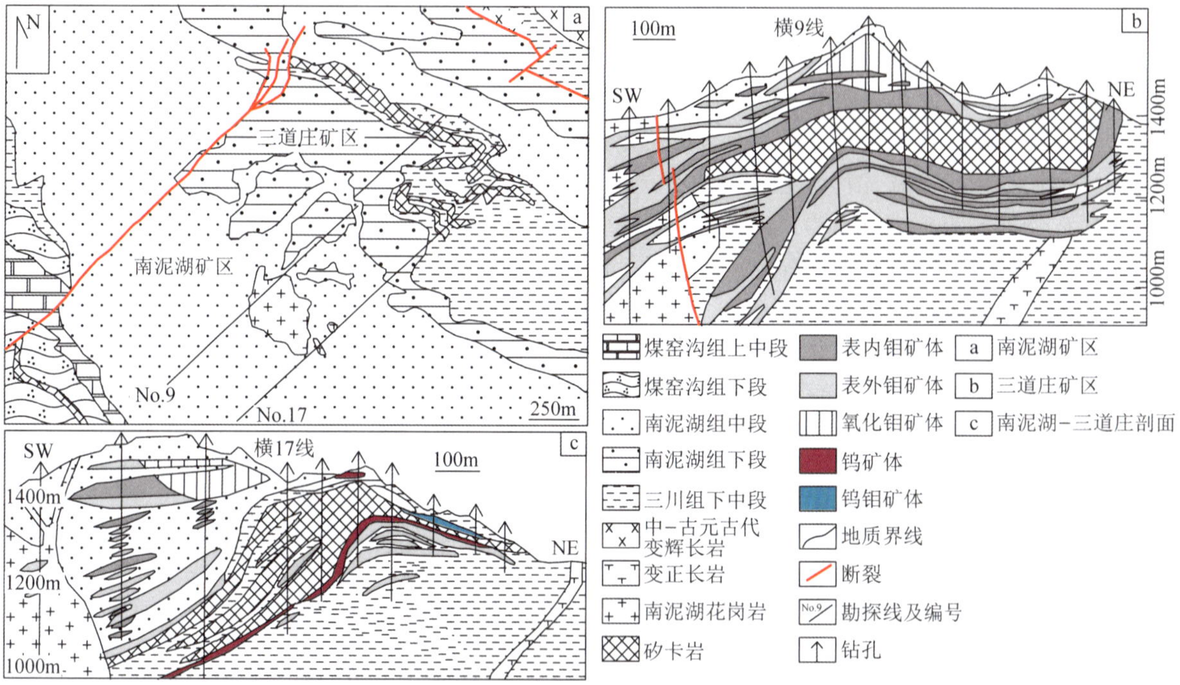

图 7　南泥湖-三道庄钼矿地质及勘探线剖面图

（据河南地质局地质三队，1980）

450 m。短轴约 300m，面积约 0.12 km^2。剖面上呈上小下大的喇叭状。岩体向北西侧伏，产状不对称，南东、北东陡，北西、南西缓（杨永飞等，2009）。该岩体为复式岩体，上部为斑状二长花岗岩，中部为两种岩性交错的过渡带，下部为黑云母花岗闪长岩，斑状二长花岗岩较黑云母花岗闪长岩形成较晚，且含钼、钨量比后者高（刘永春等，2006；刘荣霞，2014）。

南泥湖岩体不论黑云母花岗闪长岩，还是中粒、细粒斑状花岗岩均具有高 SiO_2、富 K_2O 特征，而明显低 Fe_2O_3、FeO、MgO、CaO。SiO_2 变化范围 70.08%~76.06%，平均值 74.49%；K_2O+Na_2O 变化于 6.99%~10.00%之间，平均值 8.87%；K_2O/Na_2O 值变化于 1.21~11.26 之间，平均值 2.31；K_2O/SiO_2 值变化于 0.065~0.107 之间，平均值 0.084；组合指数（δ）1.48~3.40，平均值 2.58。里特曼指数（σ）为 3.11~1.97，属钙碱系列。随 SiO_2 含量的增加，σ 降低，表明酸度增长大于碱度。铝近于过饱和，Al/(Na+K+2Ca) 原子数小于 1.1，氧化系数高（$Fe_2O_3/(Fe_2O_3+FeO)$，0.44~0.67）。这些化学成分特征表明南泥湖岩体属同熔型花岗岩类，但晚期 SiO_2、K_2O 的增长反映了强烈的分异作用，并指示岩浆体系受到大量壳源物质的混染。

成岩时代：南泥湖花岗斑岩的同位素年龄为 157±3 Ma（SHRIMP 锆石 U-Pb，Mao et al.，2010）；145.2±1.5~146.7±1.2 Ma（锆石 LA-ICP-MSU-Pb，向君峰等，2012）；130.9±4.5~272.3±22 Ma（Rb-Sr，胡受奚等，1988）；157.1±2.9 Ma（锆石 LA-ICP-MS，包志伟等，2009）。

3.3　矿体特征

南泥湖钼钨矿体的分布与构造、岩性以及热液蚀变强度具有密切的关系。共圈出钼钨矿体 22 个，其中工业单钨矿体 1 个。钼矿体主要分布于斑岩顶部和岩体周围的黑云母长英质角岩当中，钨矿体赋存于局部矽卡岩及穿插于角岩当中的脉状矽卡岩中。矿体常呈层状或似层状产出，走向 280°~310°，倾向南西，倾角平缓，最大长度可达 2400 m，宽可达 2000 m，平均厚度为 144.13 m。钼矿化强度在垂向上表现为上强下弱，在走向上表现为东强西弱，在倾向上则表现为北强南弱（罗铭玖等，1985）。

三道庄钨钼矿床位于南泥湖钼矿田的东部，南泥湖花岗斑岩体的东北侧，紧邻南泥湖钨钼矿床，矿化面积约 1.5 km^2。钼钨矿体主要赋存于三川组上段大理岩及其交代形成的角岩和矽卡岩中，形态受岩性、构造控制明显，层状或似层状，具分枝复合现象。矿体规模巨大，长约1420 m，厚度为80~150 m，总体走向近300°，倾向西南。在水平空间上，其矿化程度有很大差异。钼矿化表现为沿倾向北强南弱，沿走向东强西弱，而钨在水平方向上的矿化强度变化与钼相反。在垂向上，钨钼矿体均表现为上贫下富。按矿石自然类型而言，矿化强度由矽卡岩型-石榴子石硅灰石角岩型-透辉石斜长石角岩型矿石依次递减（蒋德明等，2008）。

金属矿物有辉钼矿、白钨矿、黄铁矿、磁铁矿、磁黄铁矿、斑铜矿、黄铜矿、闪锌矿、方铅矿、钛铁矿、赤铁矿等；脉石矿物有石英、钾长石、斜长石、辉石类、角闪石类、石榴子石类、硅灰石、符山石、方柱石、榍石、锆石、金云母、绿帘石、绿泥石等。

闫星光等（2013）通过矿物学分析发现，南泥湖矿区铁阳起石与铁阳起石质角闪石均含有较高的Fe含量，相比之下，铁阳起石形成较晚且Fe含量更高，表现出矽卡岩晚期阶段相对富铁的特性。白钨矿的核部到边缘部位，Mo含量呈下降的趋势，W含量呈升高的趋势，指示自白钨矿形成的早期至晚期，温度和氧逸度逐渐降低。石榴子石属于钙铁榴石-钙铝榴石系列，主要为含铁高的钙铁榴石，由矿床形成的早期到晚期表现出以钙铝榴石为主向钙铁榴石为主的变化趋势；辉石为透辉石-次透辉石系列，反映矽卡岩形成时所需压力不大，成矿溶液早期偏酸性，矿体在的氧化环境中，晚期有向碱性还原环境过渡的趋势。透辉石Mn/Fe值在0.03~0.18之间，平均0.10，处于矽卡岩钼、钨、铁矿床中Mn/Fe值重合范围内（闫星光，2014）。

矿石结构有自形-半自形粒状结构、包体结构、交代残余结构、镶嵌结构、充填结构、片状、束状、放射状结构。矿石构造有浸染状构造、细脉状构造和角砾状构造。矿石类型主要为矽卡岩型和长英角岩型，其次为透辉石斜长石角岩型和花岗斑岩型（唐灿辉，2015）。

成矿时代：南泥湖矿区的矿体同位素年龄为141.5±7.8 Ma（辉钼矿Re-Os，李永峰，2005）和143.4±2.0~145.8±2.2 Ma（辉钼矿Re-Os，向君峰等，2012）。

3.4 成矿条件

3.4.1 流体特征

南泥湖-三道庄矿区含有4种包裹体类型：CO_2-H_2O型包裹体、含子晶多相包裹体、水溶液包裹体以及纯CO_2包裹体。

南泥湖矿区早、中阶段石英中含有上述4种包裹体，而在晚阶段萤石中只发育水溶液包裹体。早、中、晚三个阶段的包裹体的均一温度分别集中在350~460℃、250~380℃、115~265℃三个区间。盐度分别集中于5.68%~17.87%，3.00%~38.16%，0.53%~1.23%。估算早、中阶段流体捕获压力分别为70~300 MPa和30~150 MPa，推测成矿深度约3 km。中阶段多相包裹体中常见石盐、黄铜矿和未知种类的子矿物，指示流体具有沸腾所致的还原性、过饱和特征；盐度相差悬殊的含子晶多相包裹体、富气相水溶液包裹体和富液相水溶液包裹体共存，在相近温度下表明流体沸腾的存在。中阶段流体沸腾作用有利于成矿物质的沉淀，是南泥湖矿床主要的成矿阶段。总之，成矿流体具高温、高盐度、高氧逸度、富CO_2的特征，流体沸腾导致CO_2逃逸，氧化性降低，成矿物质沉淀（石英霞等，2009）。

三道庄矿区早阶段主要发育CO_2-H_2O和含子晶包裹体，晚阶段只见H_2O-NaCl包裹体，中阶段发育3类包裹体；早、中、晚3个阶段流体包裹体均一温度分别为394~552℃、290~410℃和140~290℃，盐度分别为20.60%~67.18%、6.30%~48.55%和3.39%~11.46%。早阶段流体具有高温、高盐度、富含CO_2的岩浆热液特征，晚阶段流体以低温、低盐度、贫CO_2为特征，中阶段流体沸腾作用强烈，是成矿物质快速沉淀的重要阶段。

在南泥湖-三道庄矿区中，中心成矿带的斑岩型-矽卡岩型矿床流体包裹体主要为原生包裹体，次生包裹体较少，气相包裹体含量相对较高；中间成矿带的流体包裹体主要为气液包裹体、液相包裹体，少量含CO_2包裹体；边缘成矿带的流体包裹体主要为液相包裹体、气液包裹体，少量气相包裹体，反映在斑岩型→矽卡岩型→中低温热液型成矿系统中，流体从热源中心向外围迁移的演化特征

（王长明等，2006）。自斑岩体中心成矿带到边缘成矿带，成矿作用的温度由高到低（王长明等，2006）。矽卡岩矿物的单矿物爆裂法测温，硅酸盐矿物多形成于3000~400℃之间，少数可达430℃，磁铁矿的温度在571~341℃之间，高温辉钼矿形成温度为363~400℃，低温辉钼矿形成温度为133~150℃，黄铁矿变化于207~288℃之间；磁黄铁矿变化于377~331℃之间（曾华杰等，1983）。

3.4.2 同位素特征

（1）H-O同位素

南泥湖矿床成矿流体的$\delta^{18}O_{H_2O}$变化范围在-0.8‰~11.1‰之间，平均值为2.05‰；对应的δD变化区间在-106.8‰~-66.3‰之间，平均值为-76.97‰。在$\delta^{18}O_{H_2O}$-δD图上，表现出从岩浆水向大气降水演化的趋势（唐灿辉，2015）。

三道庄矿床早阶段成矿流体的$\delta^{18}O_{水\text{-}SMOW}$变化于6.4‰~11.1‰，$\delta D_{v\text{-}SMOW}$变化于-67.5‰~-75.1‰；成矿中期流体$\delta^{18}O_{水\text{-}SMOW}$为5.0‰，$\delta D_{v\text{-}SMOW}$为-106.8‰；成矿晚期成矿流体$\delta^{18}O_{水\text{-}SMOW}$变化于-0.7‰~2.2‰，$\delta D_{v\text{-}SMOW}$变化于-86.4‰~-100‰（唐利，2014；张旭晃，2014）。成矿流体在由早到晚的演化过程主要变化为：早期为岩浆水或变质水，成矿中-晚阶段数值向大气降水线方向漂移，表示有大气降水的加入。

南泥湖-三道庄矿区从中心成矿带到边缘成矿带，$\delta^{18}O_{H_2O}$依次为-0.45‰~+8.44‰，-0.01‰~+1.93‰，反映了从早期到晚期、从热源中心到外围，岩浆水比例逐渐降低，天然水比例相应增加（王长明等，2006）。

（2）S同位素

南泥湖矿床硫化物$\delta^{34}S$值为0.37‰~5.44‰，平均2.99‰（唐灿辉，2015），具塔式效应，具有深源硫的特征。

三道庄矿床中硫化物$\delta^{34}S$值普遍较高，且同一种硫化物的$\delta^{34}S$值变化不大，闪锌矿$\delta^{34}S$平均值为9.35‰，黄铁矿的$\delta^{34}S$平均值8.95‰，方铅矿$\delta^{34}S$平均值为8.2‰。同一样品中$\delta^{34}S$由大到小依次为闪锌矿>黄铁矿>方铅矿，这可能是矿石中的硫化物矿物之间未达到S同位素平衡（张旭晃，2014）。

（3）Pb同位素

南泥湖的$^{206}Pb/^{204}Pb$ = 17.189 ~ 17.894，平均值17.622；$^{207}Pb/^{204}Pb$ = 15.381 ~ 15.569，平均值15.490；$^{208}Pb/^{204}Pb$ = 37.71 ~ 39.010，平均值38.281（黄典豪等，1984；马振东，1984；唐灿辉，2015）；测得三道庄矿床硫化物$^{206}Pb/^{204}Pb$ = 17.643 ~ 17.788，$^{207}Pb/^{204}Pb$ = 15.51 ~ 15.555，$^{208}Pb/^{204}Pb$ = 38.424 ~ 38.547。不同硫化物矿物之间没有明显差异（张旭晃，2014；王长明等，2006）。

3.5 矿床类型

南泥湖钼矿主要和岩体有关，是典型的斑岩型钼矿；而三道庄钼矿赋存于矽卡岩中，又是典型的矽卡岩型钼矿，由于在同一矿田中，矿体又互相连在一起，就称为南泥湖-三道庄钼矿床。

南泥湖矿床侵位深度为3 km，侵位深度较深，意味着岩浆上升速度较慢，体系流体/熔浆比较小。同时，含矿流体被释放到接触带中参与成矿作用，由于深部流体的不断涌入和岩浆体的逐渐冷却，斑岩体也捕获了部分成矿物质，形成斑岩型矿床和矽卡岩型矿床的共生组合（罗照华等，2009）。

（二）爆破角砾岩型钼矿床

鱼池岭

鱼池岭钼矿位于河南省嵩县南部童子庄一带，区域上，鱼池岭钼矿位于华北板块南缘（图8）。目前，已探明储量63×10^4 t，钼矿品位可达1.42%，矿体平均品位0.058%，为超大型斑岩-爆破角砾岩型钼矿床。

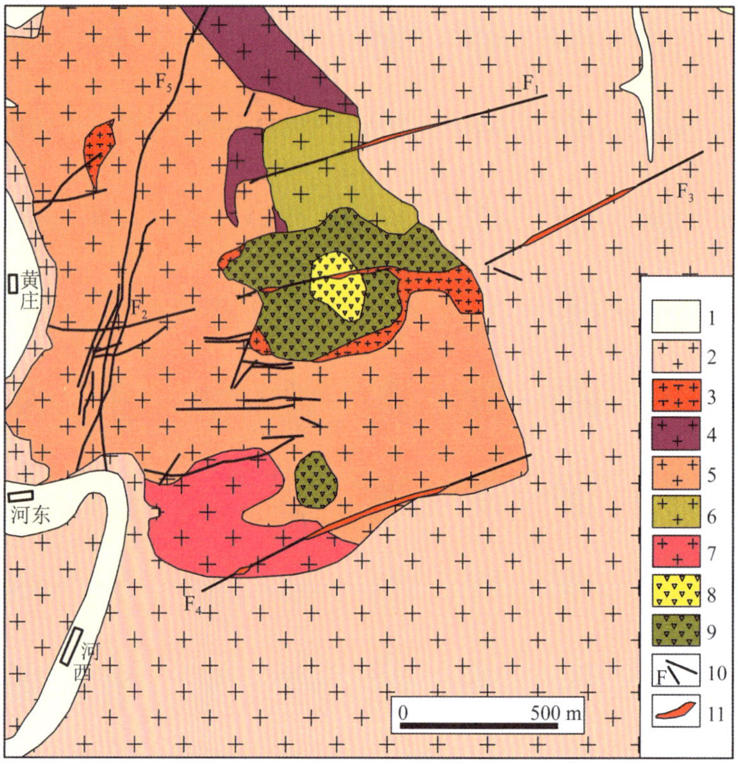

图 8 鱼池岭钼矿地质图

（据洛阳龙羽山川钼业公司，2010）

1—第四系；2—灰白色中粗粒含斑黑云二长花岗岩；3—细粒花岗岩；4—浅肉红色粗粒巨斑状黑云母二长花岗岩；5—肉红色中粗粒含斑状黑云二长花岗岩；6—灰红色、杂色爆破角砾岩；7—花岗斑岩、中细粒钾长花岗岩；8—黑灰色、灰绿色爆破角砾岩；9—黑灰色、黑绿色爆破角砾岩；10—断层；11—灰红色细粒黑云二长花岗岩

1.1 矿床地质特征

鱼池岭钼矿床产于伏牛山花岗岩基中的爆破角砾岩筒中，这也是东秦岭唯一一个产在大黄岗岩基中的大型钼矿床，矿床中断裂发育共有 3 组，分别是近东西向、北北东—北东向和北西向。近东西向断裂规模较小，走向 80°~110°，倾角 45°~85°，该构造为成矿前构造。北北东—北东向断裂分布在矿区西部，为张扭性断裂，该组断裂为成矿期后断裂。北西向断裂走向 310°~340°，倾角 50°~85°，性质为张扭性，为破矿构造（周珂，2008）。

1.2 赋矿岩体

鱼池岭钼矿产于伏牛山花岗岩基中的爆破角砾岩筒中，合峪花岗岩基是一个巨大的复式岩体，初步可划分 6 个岩性单元。以其侵位先后顺序，可将合峪岩体分为第一、第二、第三、第四、第五、第六岩相单元。第一单元岩性为灰白色中粗粒含斑黑云二长花岗岩；第二单元岩性为灰红色中细粒黑云二长花岗岩；第三单元岩性为肉红色中粗粒含斑黑云二长花岗岩；第四单元岩性为浅肉红色、灰白色粗粒巨斑黑云二长花岗岩；第五单元岩性为灰白色、浅肉红色粗粒聚斑黑云长花岗岩；第六单元岩性为灰白色、深红色细粒花岗斑岩，肉红色中细粒钾长花岗岩。鱼池岭爆破角砾岩筒就产于浅肉红色的细粒钾长花岗岩中（周珂，2008）。

合峪复式岩体的岩石总体富硅、高钾、低镁、钙，SiO_2 含量为 70%~74.16%，Al_2O_3 含量为 13.64%~15.3%，CaO 含量为 1.26%~2.11%，K_2O 含量为 3.11%~5.06%，Na_2O 含量大于 3.2%，K_2O+Na_2O 为 6.98%~9.05%；K_2O/Na_2O 值大于 1，*A/CNK* 值大于 1。在 SiO_2-K_2O 图中落入高钾钙碱性系列。在 *A/CNK*-*A/NK* 图中，岩石处于准铝质和过铝质边界附近，属于弱过铝质。从早期到晚期，岩石成分表现出具有 SiO_2、(Na_2O+K_2O) 含量由低到高，MgO、CaO 含量由高到低，K/Na 值由

低到高及 AR、*A/CNK* 值由低到高的同源岩浆演化特征。

在微量元素方面，合峪花岗岩富集 Rb、Th、U、K、Pb、Sr、Nd、Hf，亏损 Ba、Nb、Ta、P、Zr、Ti。Nb、Ta 和 Ti 的亏损可能与它们的富集矿物金红石的分离结晶或源区残留有关。在稀土元素方面，ΣREE 含量为 $182.12\times10^{-6}\sim589.55\times10^{-6}$，LREE/HREE 值较高（12.47~27.55），具有中等程度的 Eu 负异常。稀土元素配分模式为向右倾斜的不对称“V”字型，ΣREE 含量有随岩浆演化早期向晚期减少的趋势。

花岗斑岩 $^{176}Hf/^{177}Hf$ 值变化范围在 0.281364~0.282420 之间，$\varepsilon_{Hf}(t)=-9.6\sim-46.9$，花岗岩 $^{176}Hf/^{177}Hf$ 值变化范围在 0.281774~0.282337 之间，$\varepsilon_{Hf}(t)=-12.5\sim-32.8$。不同期次 $\varepsilon_{Hf}(t)$ 峰值与获得的花岗岩 Lu-Hf 同位素结果一致，表明合峪复式岩体不同期次侵入体具有类似的岩浆源区（程知言等，2013；郭波，2009）。

岩体的 Zr 饱和温度为 758~805℃，平均 783℃，代表了花岗岩岩浆的形成温度；Sr/Yb 值指示其形成压力为中高压，岩浆起源深度可能在 50 km 左右。

成岩时代：合峪岩体的同位素年龄为 127.2±1.4 Ma（SHRIMP，锆石 U-Pb，李永峰等，2005）；135.3±4.9 Ma，141.4±5.4 Ma LA-ICP MS，锆石 U-Pb，高昕宇，2010；133.06±0.63 Ma，133.53±0.61 Ma，132.85±0.60 Ma LA-ICP MS，锆石 U-Pb，周珂，2008；134.5±1.5 Ma，133.8±1.1 MaLA-ICP MS，锆石 U-Pb，郭波等，2009；135.2±2.4 Ma，138.2±2.3 Ma LA-ICP MS，锆石 U-Pb，程知言等，2013），属燕山期。

1.3 矿体特征

鱼池岭钼矿由于矿化连续，全矿床是一个统一的矿体，东西长大于 1000 m，南北宽 850 m，整体上为周围不规则的穹丘体，矿体的中心分布在隐爆角砾集块岩筒的南侧附近。矿体呈厚大的似层状、透镜状，总体产状平缓（图 9）。矿石具有上贫、下富的特征，富矿往往分布在角砾岩体的顶底板和周边的花岗岩围岩以及断裂带中。矿石矿物有辉钼矿、黄铁矿、黄铜矿、黑钨矿、磁铁矿、方铅矿等，脉石矿物有石英、钾长石、斜长石、黑云母、绿帘石、绿泥石、绢云母、萤石、方解石、高岭土等。矿石结构有细粒片状结构、鳞片状结构、放射状结构、镶嵌结构等；矿石构造有细脉状构造、网脉状构造、浸染状构造、薄膜状构造、角砾状构造等（周珂，2008）。

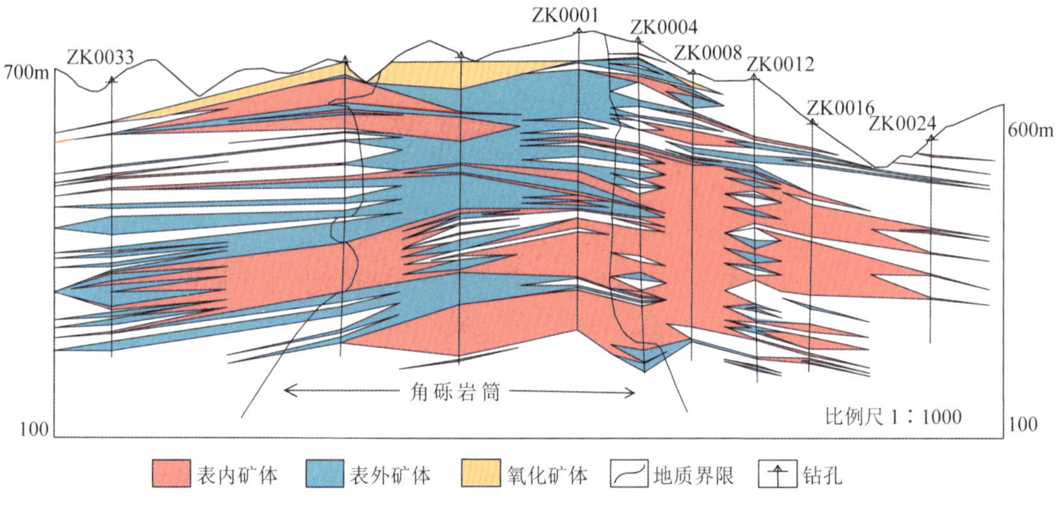

图 9　鱼池岭钼矿区第 00 线横剖面图

成矿时代：鱼池岭钼矿的成矿时代为 131.2±1.4 Ma（辉钼矿 Re-Os，周珂等，2009）；144.3±5.2 Ma（李诺等，2009）；137.6±4.8 Ma（卢欣祥等，2009）。成矿时代与伏牛山岩体时代相近或略早于成矿时代，其特征与东沟钼矿相似。

1.4 围岩蚀变和成矿期次

围岩蚀变主要有钾长石化、硅化、绿泥石化、萤石化、碳酸盐化、高岭土化等。不同成矿阶段有不同的围岩蚀变，共划分出4个成矿阶段：①钾长石化阶段，主要形成面状的钾长石化，其次为黑云母化、云英岩化，该阶段矿化较弱，有少量浸染状、星点状辉钼矿、黄铁矿。②石英-辉钼矿阶段，是主要的成矿阶段，主要形成辉钼矿化石英细脉、网脉及微裂隙中充填的薄膜状、浸染状辉钼矿；在角砾岩筒附近的碎裂花岗岩带中还形成具浸染状辉钼矿，主要蚀变种类有钾长石化、硅化、绿帘石化、黄铁绢英岩化等。③石英-多金属硫化物阶段，是重要的成矿阶段，主要形成辉钼矿-黄铁矿石英脉，围岩蚀变主要有钾长石化、硅化等。④石英碳酸盐阶段，以形成梳栉状石英脉、萤石脉、石英（玉髓）萤石脉、方解石脉为特征，还可见少量的粗粒方铅矿，主要蚀变有黄铁绢英岩化、绿帘石化、萤石化和高岭土化等（李诺等，2009；张娟等，2013）。

1.5 成矿条件

1.5.1 流体包裹体特征

包体分类：鱼池岭矿床流体包裹体分为5类：气液两相包裹体（Ⅰ型）、含CO_2三相包裹体（Ⅱ型）、CO_2包裹体（Ⅲ型）、纯水溶液相包裹体（Ⅳ型）和含石盐子晶三相包裹体（Ⅴ型）。流体包裹体测温显示，Ⅰ阶段均一温度范围为290~350℃，盐度集中在5%~8%之间；Ⅱ阶段均一温度范围为250~310℃，盐度集中在4.18%~8.55%之间；Ⅲ阶段均一温度范围为150~250℃，盐度集中在3.39%~6.45%之间；Ⅳ阶段均一温度范围为160~210℃，盐度集中在0.5%~1.5%之间（周珂，2008）。

包体成分：鱼池岭矿床流体成分主要为CO_2、CH_4、SO_2、H_2S、H_2O等，不同成矿阶段略有不同，钾长石化阶段气相成分以CO_2为主，含SO_2、Cl_2和H_2O，液相成分主要为SO_4^{2-}、CO_3^{2-}；辉钼矿-石英阶段气相成分以CO_2为主，含SO_2、Cl_2和H_2O，液相成分主要为$SO_4{}^{2-}$、CO_3^{2-}；石英-碳酸盐化阶段气相成分以H_2O，含CO_2、CH_4、C_2H_2，液相成分主要为HS^-、CO_3^{2-}。随着成矿作用的进行，成矿流体由高温、高盐度、高氧化性、富CO_2、富金属元素的CO_2-NaCl-H_2O体系岩浆热液，向低温、低盐度、还原性、贫CO_2、贫金属元素的NaCl-H_2O体系大气降水热液演化。从早期至晚期，流体氧逸度、pH、E_h值依次降低，显示钼矿床的形成总体属于弱还原环境（张娟等，2013）。

1.5.2 同位素特征

H-O同位素：$\delta^{18}O_{V-SMOW}$为5.4‰~9.2‰，$\delta^{18}D_{V-SMOW}$为-85‰~102‰。在$\delta^{18}O$-$\delta^{18}D$关系图中，石英-钾长石阶段的样品均落在原生岩浆水范围内；辉钼矿-石英阶段落在原生岩浆水范围附近，略向雨水线偏移；绢英岩化阶段的样品均落在岩浆水附近向雨水线明显偏移的区域；石英-碳酸盐化阶段的样品均落在雨水线附近。

S同位素：黄铁矿$\delta^{34}S$值为0.9‰~4.0‰，辉钼矿$\delta^{34}S$值为-1.2‰~1.5‰，具有幔源硫的特征（周珂，2008；张娟等，2013）。

1.6 结论

鱼池岭钼矿最大的特点是产在巨大的伏牛山花岗岩基中，这在全国很少见到，因此，很容易被认为小岩体是大岩体分异演化的结果，已有的地质特征、成矿-成岩时代和同位素组成均表明，小岩体和大岩体不是同一个系统，也就是说，成岩成矿与大岩体无关，大岩体仅是围岩而已。

（三）碳酸岩型矿床

碳酸岩型钼矿床是东秦岭地区最为独特的一种矿床类型。该类型矿床的钼矿化主要与火成碳酸岩有关，并发育有REE、Nb、F、Ba、Sr等矿化。在东秦岭地区，碳酸岩主要集中在陕西商州、蓝田南部、洛南北部以及河南嵩县、西峡北部等地区，黄典豪（1985）最先报道了陕西洛南的火成碳酸岩。目前发现的碳酸岩型矿床有大西沟钼矿、华阳川铀矿、黄龙铺地区的大石沟钼矿、石家湾钼矿、桃园钼矿，河南省黄水庵钼矿、纸房钼矿、范岭钼矿、香椿沟、大西沟钼矿以及近年来范岭以东发现碳酸岩型稀有稀土矿化等。在陕西黄龙铺地区，矿化发生在火成碳酸岩中，呈石英-碳酸岩（方解石）脉产出，地表发现岩脉1100多条，其沿北东和北西两个构造带发育并构成近10个密集区，沿北东方向分布的有栗园、桃园、西沟、大坪、驾鹿等岩体，沿北西方向分布的有小夫峪、华阳川、垣头、大石沟、板岔及二道河等岩体。其成矿时代集中在 220～206 Ma 之间，为印支期成矿。其中，陕西华阳川、大石沟、西沟，河南黄水庵等矿区工作程度较高，大石沟（有人称黄龙舖）是最早发现地。

目前，关于东秦岭碳酸岩脉型钼矿成因，有 3 种观点：①地幔源区的部分熔融作用。②富 CO_2 的碱性硅酸岩岩浆的不混溶作用。③富 CO_2 的碱性硅酸岩岩浆的分离结晶作用（宋文磊等，2012；王汉辉等，2023）。本次以黄水庵钼矿为例进行详细介绍。

黄水庵

该矿床位于河南嵩县德亭乡，区域上位于华北板块南缘与秦岭造山带的接壤地带（图 10）。矿床 Mo 平均品位 0.078%，查明钼矿金属量 40×10^4 t，为大型矿床，同时伴生少量的铅和稀土矿化。

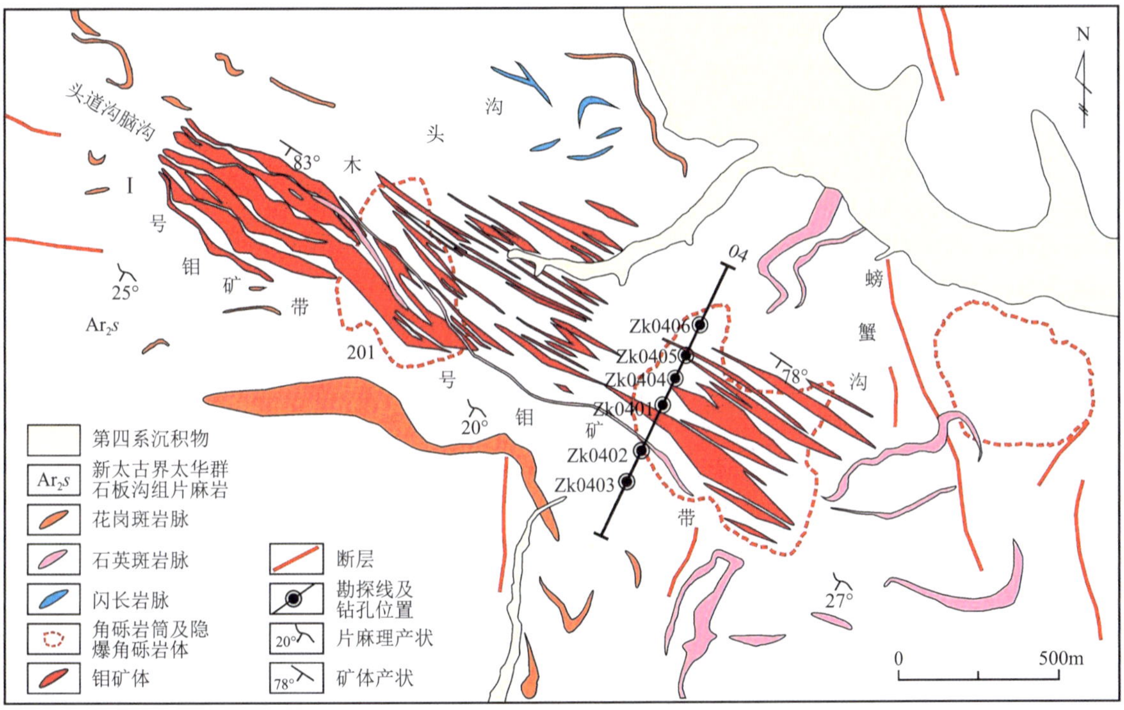

图 10　黄水庵钼（铅）矿床区域地质图

（河南省核工业地质局，2009；洛阳矿业集团有限公司，2010，有修改）

1.1　矿床地质特征

黄水庵矿区内出露的地层比较简单，大面积出露新太古界太华群石板沟组（Ar_2s）的一套片麻岩系，岩石混合岩化强烈。

矿区的构造主要包括褶皱和断裂。木头沟-黄水庵背斜经过矿区，其轴部位于该矿区的中部，呈 310°方向延伸。背斜两翼地层的岩石因受隐爆作用的影响而震裂破碎成碎裂岩。矿区内断裂构造规模不等，主要有北东向、近南北向、北西向 3 组，均具多期次活动的特点。钼矿体主要受控于北西向断裂，是主要的钼矿化赋矿部位。

矿区内发育各类脉岩，主要有花岗斑岩脉、石英斑岩脉、闪长岩脉、碳酸岩脉以及隐爆角砾岩体。

1.2　矿体特征

矿区内的钼矿体主要赋存于 201-1 号钼矿带中（即原大石门沟外围钼矿带和安沟钼矿带）。该矿带西起头道沟脑沟，东至螃蟹沟，走向 280°～315°，长度达 2700 m，宽 300～600 m。带内各矿体倾向南南西，倾角 80°左右，呈脉状、似层状或透镜状产出，赋存于太华群变质岩内的石英-方解石碳酸岩脉中，部分矿体产于隐爆角砾岩体中。矿体一般长100~379 m，最长达1560 m，厚度一般为20~30 m，最厚达116.3 m。含矿脉体为由单脉和细网脉组成的密脉带，有分支复合现象，地表矿体在横向上出现不连续现象，从地表往深部延伸较稳定。矿体基本无后期断裂破坏和岩脉穿插。矿体与围岩无明显界线，呈渐变过渡关系。根据热液蚀变特征、矿物组合和矿脉穿切关系，可以将黄水庵矿床的成矿过程划分为两个阶段：第Ⅰ阶段以碳酸岩脉的侵入以及围岩的钾长石化和硅化为特征，其中Ia阶段碳酸岩脉的矿物组合主要为方解石、石英、辉钼矿和稀土矿物等，Ib阶段围岩蚀变以钾长石化和硅化为主要特征，与碳酸岩的侵入密切相关。第Ⅱ阶段以出现白色方解石、石英以及紫色、绿色和无色萤石为主要特征，含矿的碳酸岩脉和蚀变围岩被萤石+石英+方解石脉穿切。

黄水庵碳酸岩脉方解石的微量元素具有富集U、Pb、Sr、Ba及部分REE元素，明显亏损Nb、Ta、Zr、Hf等高场强元素的特征，ΣREE含量为1062.7×10^{-6}；LREE含量为782.3×10^{-6}，HREE含量为280.4×10^{-6}；LREE/HREE值为2.9，球粒陨石标准化的稀土配分模式呈右倾特征。

成矿时代：黄水庵矿床的成矿时代为210.9±3.8 Ma~207.9±3.0 Ma，加权平均年龄为209.2±1.2 Ma（辉钼矿Re-Os；曹晶等，2014）；206.3±2.9 Ma~212.8±3.2 Ma（辉钼矿Re-Os；黄典豪等，2009）；221.1±0.9 Ma~222.0±0.9 Ma（辉钼矿Re-Os；Stein et al.，1997）；213.5±2.9 Ma（氟碳铈矿U-Th-Pb年龄；王汉辉，2023）。

物质来源：Re含量为60.12×10^{-6}~137.79×10^{-6}，相比于邻区的雷门沟等斑岩（-矽卡岩）型矿床高3~10倍，相比于黄龙铺碳酸岩脉型钼（铅）矿床则低2~4倍，反映其成矿物质主要来源于地幔（曹晶等，2015）。

1.3 成矿条件

1.3.1 流体特征

黄水庵矿床的包裹体类型有气液两相、CO_2三相、含子矿物、纯气相体和纯液相包裹体。包裹体均一温度的峰值为250~370℃，盐度主要集中在7.9%~21.3%（曹晶等，2015）。

1.3.2 同位素特征

C同位素：黄水庵矿床方解石$\delta^{13}C_{V-PDB}$值为-5.3‰~-5.6‰，平均值为-5.4‰，$\delta^{18}O_{V-SMOW}$值为6.40‰~8.2‰，平均值在8.0‰左右，呈现出富^{13}C、贫^{18}O的特征。方解石$\delta^{13}C_{V-PDB}$值与原始地幔值（-5‰~-7‰）相近，$\delta^{18}O_{V-SMOW}$值与原始地幔值（5‰~8‰）相近（黄典豪等，2009；曹晶等，2015；王汉辉，2023）。

Pb同位素：黄水庵矿床方解石$^{206}Pb/^{204}Pb$=17.2281~17.3190（平均17.2751），$^{207}Pb/^{204}Pb$=15.4530~15.4712（平均15.460），$^{208}Pb/^{204}Pb$=37.4714~37.5341（平均37.4998）。硫化物（方铅矿、黄铁矿）的$^{206}Pb/^{204}Pb$=17.1571~17.1709（平均17.1645），$^{207}Pb/^{204}Pb$=15.4326~15.4340（平均15.4335），$^{208}Pb/^{204}Pb$=37.4392~37.4471（平均37.4430），在$^{206}Pb/^{204}Pb$与$^{207}Pb/^{204}Pb$图解中，黄水庵碳酸岩和硫化物的投影点几乎落在地幔线上（黄典豪等，2009；付鑫宁等，2021）。

S同位素：黄铁矿和方铅矿的$\delta^{34}S_{V-CDT}$值分别为-4.2‰~-6.7‰和-9.5‰~-12.3‰，平均值-8.2‰（黄典豪等，2009）。

Sr-Nd同位素：以成矿年龄209.5 Ma计算$(^{87}Sr/^{86}Sr)_i$的平均值为0.706330，变化范围较小（0.706144~0.706512），且在世界上典型碳酸岩的$(^{87}Sr/^{86}Sr)_i$值范围之内（0.70125~0.70686）。$\varepsilon_{Nd}(t)$值变化范围为-14.71~-16.43，平均值为-15.64。黄水庵碳酸岩的两阶段Nd模式年龄T_{DM2}为2183~2322 Ma（平均值为2258 Ma），反映岩浆源区有一定的古老地壳物质的贡献（付鑫宁等，2021）。

1.4 矿体成因

与世界范围内典型碳酸岩形成于裂谷环境相类似，黄水庵及东秦岭地区其他碳酸岩矿床形成于秦岭造山带的后碰撞伸展环境。在210 Ma左右，秦岭地区进入到后碰撞的伸展构造环境（卢欣祥等，1999；毛景文等，2005；张成立等，2008）。秦岭造山带的碳酸岩型矿床的成矿年龄集中分布于225~197 Ma，稍晚于华北和扬子克拉通的碰撞事件。秦岭造山带加厚下地壳的拆沉作用，为碳酸岩浆提供了重要的钼来源，富含 Mo、Pb、S 和 REE 的硅酸盐-碳酸盐熔体沿着断裂上涌，形成具有壳幔混源特征的碳酸岩型钼矿床（王汉辉，2023）。

二、金矿床

金矿是河南省及东秦岭的优势矿产，河南省金矿无论储量和产量均居全国第二位，是中国的产金大省之一，金矿主要分布在小秦岭、熊耳山和桐柏北部。矿床类型主要有石英脉型（小秦岭）、构造蚀变型（熊耳山）及斑岩-爆破角砾岩型，豫西南丹江上游有沙金产出。

石英脉型、构造角砾岩型金矿在成因上与同时代的花岗岩无关，因此，不是本次研究的内容。只有斑岩-爆破角砾岩型金矿和花岗岩密切相关，是本次的研究对象。

秦岭-大别山地区该类型金矿床不多，主要在熊耳山南麓的祁雨沟地区及陡岭地区，具体矿床有祁雨沟、店房、蒲塘、毛堂、中河、老里湾、小公峪、庙岭等。

祁雨沟地区是河南主要的金成矿区。矿床规模比较大，最大可达 20 t 以上。其他地区则多为小型或矿点。祁雨沟爆破角砾岩型金矿不仅规模大，其研究程度最高，是中国金矿的重要矿床类型。

与金矿有关的花岗岩具有如下特点：①在形成时代上，有关岩体都是加里东期至燕山期的花岗岩和花岗斑岩体；②在成因类型上，只与浅源深成型花岗岩（S 型）和深源浅成型花岗斑岩小岩体（I 型）有关，而与深源深成型（A 型）和幔源型（M 型）花岗岩无明显的关系；③金矿床的形成与岩体分布位置、规模、化学成分、矿物特征、构造条件等密切相关。

爆破角砾岩型金矿床

爆破角砾岩型金矿在国内外久负盛名，尤其在华北陆块南缘的熊耳山地区最为典型，祁雨沟地区是河南主要的产金地之一。矿床的矿石品位一般较低，为 3~6 g/t，祁雨沟矿田因其金的储量大，分布广，成为中国一个重要的金矿类型，被称为祁雨沟式爆破角砾岩型金矿（图 11）。

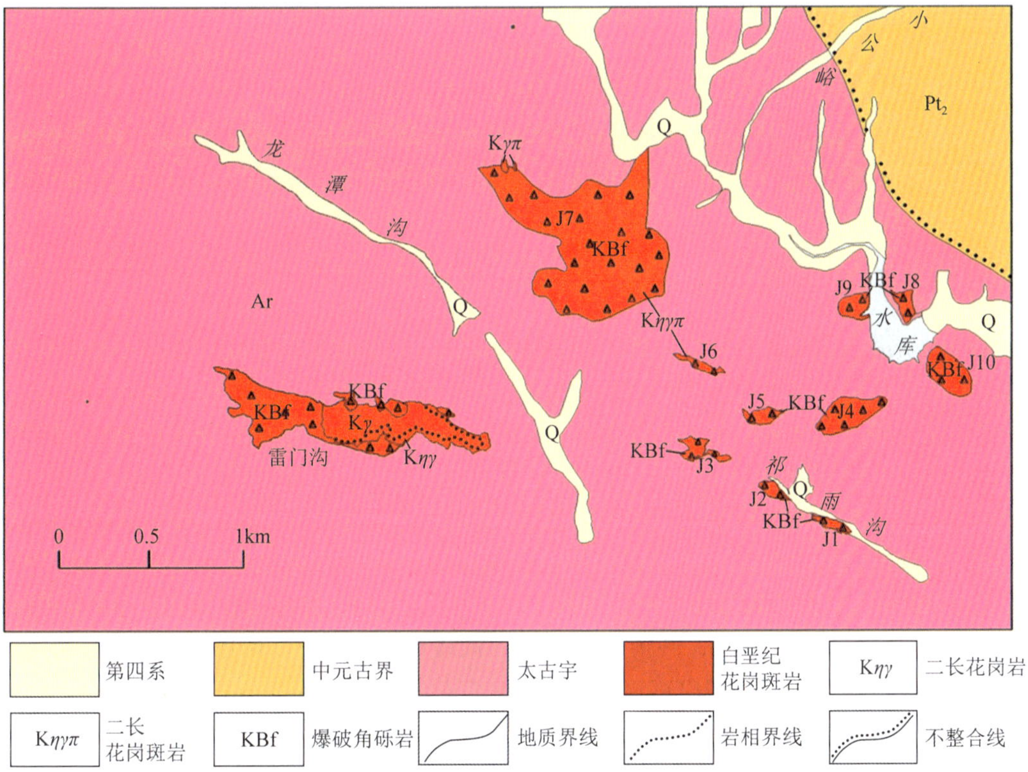

图 11　祁雨沟矿床角砾岩体分布图

1.1 矿床地质特征

矿区出露地层为太古宇太华群片麻岩等基底岩系。矿区北东部则是出露熊耳群安山岩、英安岩地层。太华群与熊耳群地层呈不整合接触关系。

构造以断裂为主，主要为北西向、北东向和南北向断裂。北西向断裂发育最早，主要分布在矿区的中东部。断裂规模大小不一，长度250~700 m，宽0.3~7.5m。倾向北西，倾角较陡，且多发育矿化及各种蚀变（如钾化、硅化、绿泥石化等）。北东向断裂与本区成矿关系密切，为控矿断裂。南北向断层形成时代最晚，倾向西，倾角陡，对矿体有改造作用。

矿区广泛发育燕山期岩浆活动，矿区南部有五丈山花岗岩和大量规模较小的斑岩体。小斑岩体岩性主要为石英斑岩、花岗斑岩等，主要以岩脉产出，这些岩脉大多呈北东向展布，与太华群地层呈侵入接触，岩脉之间相互穿切。

1.2 爆破角砾岩筒特征

矿床严格受角砾岩筒控制，在祁雨沟矿田内，分布有8个爆破角砾岩体（J1、J2、J3、J4、J5、J6、J7、J8）（图11），其中J4号角砾岩体成矿规模最大，金储量占祁雨沟矿床的90%。

爆破角砾岩筒平面上呈椭圆形和纺锤形，长轴与断裂走向一致，面积0.01~0.04 km^2。垂向上呈明显的筒状，延深达700 m以上（许令安，2010）。角砾成分复杂，有石英斑岩和花岗斑岩的角砾、围岩太华群和熊耳群的角砾。角砾形态多样，以棱角状和次棱角状为主，尖棱角状和浑圆状角砾次之。岩性有明显的分带：在水平方向上，自边缘至中心依次为片麻岩→片麻岩+安山玢岩→安山（玢）岩；在垂直方向，自下而上依次为棱角状-碎裂状的斑岩→片麻岩类→变安山岩类。爆破角砾岩筒与围岩界线清楚，由于爆破角砾岩产生的应力，围绕岩筒常形成板状节理裂隙系统。

1.3 岩筒地球化学特征

岩筒内花岗斑岩具有高硅（SiO_2 66.67%~75.17%）、富碱的特征。K_2O+Na_2O 含量大于7.48%，Na_2O/K_2O 值为0.64~1.01，铝饱和指数 A/CNK 为0.97~1.03，小于1.1，里特曼指数（δ）变化在1.88~3.08之间，$Fe_2O_3/(Fe_2O_3+FeO)$ 值为0.33~0.86。岩体富集大离子亲石元素，如Ba、Sc、Rb、K，相对亏损高场强元素，如Nb、P、Ti、HREE。在稀土元素方面，富集轻稀土，亏损重稀土，并显示出微弱的Eu负异常（姚军明等，2009），指示地壳重熔特征。

花岗斑岩体锆石$^{176}Hf/^{177}Hf$初始值介于0.282282~0.282397之间，$\varepsilon_{Hf}(t)$ 值为-10.5~-14.4。Hf同位素单阶段模式年龄（T_{DM}）集中于1.21~1.37 Ga，两阶段模式年龄（T_{DM2}）集中于2.57~2.93 Ga（姚军明等，2009）。

岩体同位素年龄为134±2.3 Ma、133.9±1.7 Ma（LA-ICP-MS锆石U-Pb，姚军明等，2009）。

1.4 矿床特征

爆破角砾岩筒内矿化形式可分为两类：一是脉状矿体，二是胶结物矿化形成的不规则状矿体。J4号爆破角砾岩体的矿化表现为（图12）：水平方向上，矿化多集中在爆破角砾岩体的北西部，其他部位矿化较弱。在垂向上，脉状矿化主要分布在490 m以上，胶结物矿化主要分布在490 m以下（许令安，2010）。

矿体平面上呈椭圆状、纺锤状或不规则长条状，剖面上呈筒状、漏斗状、哑铃状或条带状。其规模大小不一，长轴通常变化在200~500 m之间，短轴往往在50~80 m之间，延深变化在300~500 m之间，最深达660 m，每个角砾岩体可产数至数十个矿体（图12，许令安，2010）。单个矿体产状均倾向北西，变化范围为317°~345°，倾角9°~53°，一般缓到中等倾斜。矿体真厚度为1~50 m。在剖面上，矿体平行产出（滑世权，2012）。

含金矿物主要有自然金和银金矿，其嵌布形式主要有包体金、裂隙金和粒间金3种，形态多呈乳滴状、短柱状和椭圆状，少量呈不规则状、条带状和细脉状（滑世权，2011）。

自中心向边缘，矿石结构由团块状或稠密浸染状过渡为稀疏浸染状，矿体含脉率逐渐降低，脉幅由大变小，矿化强度减弱（王宝德，1991）。

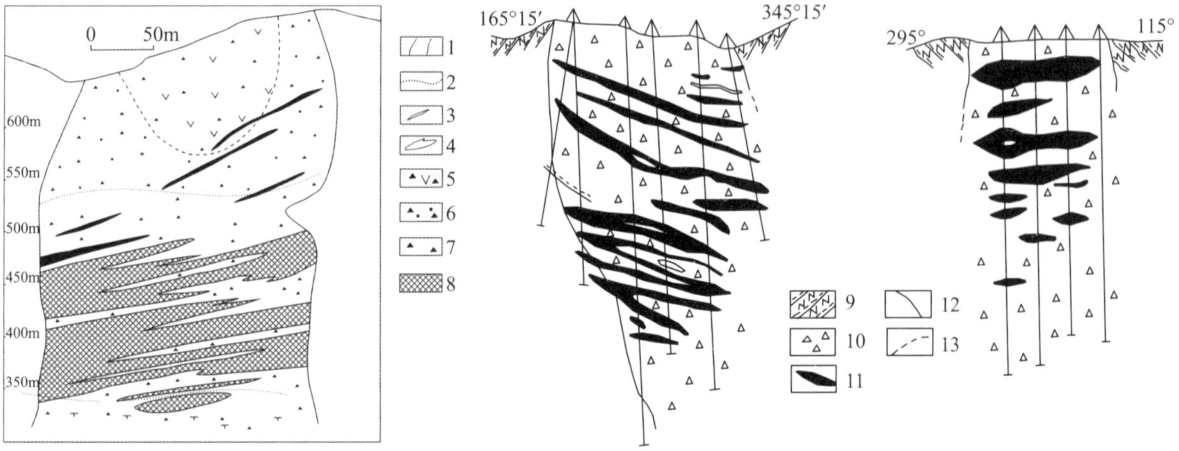

图 12 祁雨沟金矿区 J4 爆破角砾岩体第 7 横勘探线剖面图

1—爆破角砾岩体边界；2—不同成分角砾界限；3—脉状矿体；4—不同规则矿体；5—安山岩角砾；6—片麻岩角砾；7—复杂成分角砾；8—斑岩角砾；9—片麻岩；10—角砾岩；11—矿体；12—角砾岩体界线；13—推测界线

1.5 矿化分带

岩体中元素在垂向上和横向上呈一定的分带性。由主矿体中心（即石英-正长石化带）向外至青磐岩化带，Au、Ag、Cu、Sn 和 W 的含量在横向和纵向上有规律地降低。J4 爆破角砾岩筒水平方向上（中心向外）的分带为：W-Cu-Sn→Pb-Mo-Ag-Au→Ni-Co；纵向上（从上向下）的分带为 Pb-Ag（Au）→Cu-Zn-Au→Mo-Co。垂向上（自下而上）的分带为（Co）Sn-Mo-Bi-Au-Cu-W-Ag-Pb-Zn-Mn（齐金忠等，2005；许令安，2010；王富贵等，2005）。

1.6 矿化蚀变及成矿期次

爆破角砾岩体热液蚀变呈现出“同心环状”分布特征，自爆破岩体中心向外依次为石英-钾长石化蚀变带、石英-黑云母化蚀变带及青磐岩化带，金矿化主要集中在石英-钾长石化蚀变带与石英-黑云母化蚀变带交接处（许令安，2010）。

成矿期次可分为：（Ⅰ）前锋蚀变成矿期，可进一步划分为石英-黄铁矿阶段、黄铁矿-辉铜矿阶段和石英-云母-黄铁矿阶段；（Ⅱ）主蚀变成矿期，可细分为石英-多金属硫化物阶段、石英正长石-多金属硫化物阶段、石英绿钙（钠）闪石-多金属硫化物阶段；（Ⅲ）晚期蚀变矿化期：主要是石英方解石-黄铁矿阶段（邵世才，1995）。

1.7 流体特征

祁雨沟矿床石英包裹体主要类型有：气相（V 型）、气液两相（V-L 型）、液相（L 型）、含子晶多相（S 型）和 CO_2 包裹体（C 型）。子晶主要为石盐，其次为钾盐，偶见石膏、黄铁矿、赤铁矿等。包裹体热液组分以 H_2O 为主，含有 CO_2、CH_4、H_2S、Cl^-、Na^+、K^+、Ca^{2+}、SO_4^{2-} 等，属 $CaSO_4$-NaCl-CO_2-H_2O 体系。

包裹体类型、温度、盐度、成分等特征在时间和空间上呈现有规律的变化：在时间上，早期包裹体主要是 V 型、L 型和 S 型，均一温度为 298～470℃；盐度大于 47%。中期包裹体主要是 V 型，均一温度为 201～315℃；盐度为 1%～16%。晚期主要是 L 型，均一温度为 130～240℃；盐度为 5%～7%。在空间上，上部多为 C 型和 L 型包裹体，盐度较低；中部主要为 V 型和 L 型包裹体，盐度大于 47%；下部多为 S 型包裹体，盐度大于 30%。

从早到晚，成矿温度逐渐下降，流体盐度逐渐降低，Na^+、K^+、Ca^{2+}、F^- 的含量逐渐降低，而 H_2O 和 CO_2 的含量增加，fO_2、fCO_2 和 fCH_4 逐渐降低，fCO 升高。自爆破角砾岩筒下部至上，成矿温度降低，而流体盐度则呈现出中→高→低的变化（邵世才，1995；谢奕汉等，1991），表明来自深部的初始成矿流体为高温高盐度的氧化性流体，到成矿期转化为强还原性流体。在岩体中部出现的大量高盐度沸腾包裹体为成矿流体减压沸腾、H_2O 和 CO_2 大量挥发的结果（熊索菲等，2014；李诺等，2008；范宏瑞等，2000；许令安，2010；谢奕汉等，1991；王宝德等，1991；祁冬梅，2015；高永丰等，1995；李胜荣等，1991）。

根据包裹体测温结果估算祁雨沟金矿化深度为 0.8～1.2 km，为超浅成环境成矿（谢奕汉等，1991）。

1.8 同位素特征

1.8.1 H-O 同位素

测得早阶段石英 $\delta^{18}O$=6.0‰～8.9‰（平均 7.4‰），δD=-58‰～-78‰（平均-69‰）；主成矿期石英 $\delta^{18}O$=9.31‰～10.83‰，平均 9.51‰；δD=-64.4‰～71.6‰；晚期阶段石英 $\delta^{18}O$=-2.7‰～2.9‰（平均 0.6‰），方解石 $\delta^{18}O$=9.5‰～6.2‰，δD=-65‰～-74‰。早期以深源流体为主，晚期以大气流体为主（王宝德等，1992；陈衍景等，1992；金伟等，1994；罗镇宽等，1995；邵世才等，1995；范宏瑞等，2000；齐金忠等，2004；郭东升等，2007；许令安，2010）。

1.8.2 S 同位素

祁雨沟矿床硫同位素 $\delta^{34}S$ 值范围为-2.03‰～2.7‰，平均-0.38‰；其中黄铁矿 $\delta^{34}S$ 值范围在-1.97‰～+0.17‰之间，平均-0.5‰～2.6‰；方铅矿 $\delta^{34}S$ 值范围为-3.94‰～3.89‰，平均-3.92‰（熊索菲，2011），硫同位素值塔式效应显著，具有深源硫的特征（陈衍景等，1992；金伟等，1994；罗镇宽等，1995；邵世才，1995；李世华等，1998；郭东升等，2007；吴发富等，2010；许令安，2010；熊索菲，2011）。

1.8.3 Pb 同位素

祁雨沟角砾岩筒中砾岩型金矿石铅同位素组成：$^{206}Pb/^{204}Pb$ 为 16.590～18.530、$^{207}Pb/^{204}Pb$ 为 15.425～15.820、$^{208}Pb/^{204}Pb$ 为 37.390～38.980，μ 值 8.742～9.410，总体分布均匀。破碎蚀变带型金矿石的 $^{206}Pb/^{204}Pb$ 为 17.252～17.485，$^{207}Pb/^{204}Pb$ 为 15.425～15.482，$^{208}Pb/^{204}Pb$ 为 37.653～37.786（金伟等，1994；李世华等，1998；郭东升等，2007；许令安，2010）。

1.8.4 C 同位素

祁雨沟金矿的矿床角砾岩型矿石中方解石 $\delta^{13}C_{PDB}$ 值在-1.6‰～-5.8‰之间，平均-5.0‰；蚀变破碎带型矿石的 3 个晚阶段方解石 $\delta^{13}C_{PDB}$ 值为-1.6‰～-4.2‰，平均-2.4‰。与岩浆岩及岩浆源物质的 $\delta^{13}C$ 值一致（王宝德，1991；陈衍景等，1992；金伟等，1994；邵世才，1995；郭东升等，2007；熊索菲，2011）。

1.9 沉淀机制

沸腾作用是祁雨沟矿床矿质沉淀的主要机制。祁雨沟金矿中的临界-超临界流体以含 CO_2 为主，同位素特征显示，流体主要为幔源流体，但随着流体向浅部运移，大气降水的加入使系统发生了二次沸腾。流体演化先后经历了临界-超临界流体体系→H_2O-NaCl 和 CO_2-H_2O 流体体系→低盐度的 H_2O-NaCl 流体体系→H_2O 流体体系。由于临界-超临界流体的减压沸腾作用以及大气降水的加入使流体温度、压力降低，盐度降低，使得配合物发生分解，Au 元素沉淀，从而形成矿体。

三、铜矿床

秦岭地区是贫铜的（张本仁等，2001），所以铜矿产出较少，规模也不大，尤其与花岗岩有关的（产在岩体中的）更少。多数是产在不同地质体，如构造带中的热液石英脉型，且规模很小。之前的找矿勘查过程中，板厂（红卫）斑岩爆破角砾岩铜矿（卢欣祥，1980），在深部勘探中新发现了下部的厚大矿体，铜储量已达百万吨，成为河南和秦岭造山带中规模最大的铜矿床，实属罕见。

秦岭地区与花岗岩相关的铜矿主要分布在山阳-柞水地区和陡岭及东秦岭内乡-镇平地区，矿床有秋树湾、板厂、袁家沟、元子街、下官坊、池沟、冷水沟、小河口、土地沟等。这些铜矿床类型主要为矽卡岩型、斑岩-矽卡岩型和斑岩型。其中，秋树湾和板厂铜矿产在秋树湾和板厂爆破角砾岩体中，也是秦岭地区规模最大 10×10^4～100×10^4 t 的铜矿床。

板厂斑岩-矽卡岩型大型铜多金属矿床

河南省内乡县板厂铜多金属矿床位于秦岭多金属成矿带东段的朱阳关-夏馆断裂带中部，该区位于华北板块与扬子板块接合部位，是河南省发现较早的一个小型铜矿床。近年来，河南省地质矿产勘查开发局第一地质勘查院开展河南省内乡县板厂一带多金属矿普查时发现其为一个大型铜矿床。已估算铜金属量 111.49×10^4 t，钼金属量 29.56×10^4 t，铅金属量 0.31×10^4 t，锌金属量 0.38×10^4 t，银金属量 30.71 t，使其成为整个秦岭造山带，也是中国北方大型铜（钼）矿床。

1.1 矿床地质特征

板厂铜矿床位于二郎坪岩体东南部。矿区出露地层主要为秦岭群雁岭沟组，雁岭沟组自下而上包括3个岩性段：上部为黑云斜长片麻岩、斜长角闪片麻岩、白云石大理岩；中部为白云石大理岩、碎裂透辉（闪）石大理岩夹含石墨大理岩，是重要的赋矿地层；下部为白云石大理岩、白云质大理岩、含石墨大理岩夹黑云斜长片麻岩等。

朱-夏断裂及其次级断裂是板厂矿区最为重要的控矿断裂系统，朱-夏断裂走向 290°~310°，倾向南南西—南北，倾角 40°~80°，经历了早古生代之前的逆冲剪切和晚中生代右行走滑两个阶段，主干断裂主要起到了导矿和容矿作用，构造交汇部位、层间薄弱带和岩体接触带则控制了矿体的产出（吴帅吉等，2020）。

区域岩浆活动强烈，西北方向不远处即为中生代二郎坪小型花岗岩基，东部（较远）则为著名的巨大加里东期五朵山花岗岩基。

矿区岩浆活动较弱，呈不同规模的岩脉出现，如 $\gamma\pi$、$Q\pi$ 和石英脉等。还多见形态各异的爆破角砾岩脉（图 13）。这种脉体和铜（钼）多金属矿体热液蚀变明显，从岩体向外依次分布有钾化→硅化→矽卡岩化→碳酸盐化等蚀变分带，矿化主要与钾化和矽卡岩化关系密切。矿床类型有产在透辉石大理岩、金云透辉石大理岩中的矽卡岩型矿床和产在花岗斑岩体内的斑岩型矿床（吴帅吉等，2020）。

1.2 矿体特征

矿体浅部以脉状、似层状为主，矿石主要为矽卡岩型；深部以透镜状、团块状、层状矿体为主，矿体产在斑岩体中。根据勘查资料，矿区共发现铜多金属矿体、铜钼矿体 41 个（河南省地质矿产勘查开发局第一地质勘查院，2020），其中 K29、K25 为两个主要工业矿体（图 13），两个矿体铜金属量约占全区资源量的 93%，钼金属量约占全区资源量的 96%。矿体整体走向 280°~300°，倾向南偏西，倾角 60°~80°。

矿石类型分为矽卡岩型和斑岩型两种。其中矽卡岩型矿石呈暗灰色-灰黑色，以块状构造、浸染状构造、脉状构造为主，少量星点状构造和角砾状构造，金属矿物主要为黄铜矿、辉钼矿、黄铁矿、闪锌矿、斑铜矿。斑岩型矿石一般呈灰白色-浅肉红色，斑状结构，细脉浸染和块状构造，斑晶主要由石英、长石组成，基质主要为微晶长英质矿物，主要金属矿物有黄铜矿、闪锌矿、辉钼矿、黄铁矿等；蚀变以硅化、钾化为主。

成矿时代：板厂铜矿中辉钼矿 Re-Os 年龄为 144.3~146.8 Ma（Mao et al.，2008），属燕山期，与秋树湾铜矿成矿时代 145.57~147.98 Ma 一致（郭保健，2006）。

1.3 成矿条件

1.3.1 微量元素特征

板厂铜矿床中无矿化的细粒花岗岩稀土元素总量相对较高（$\Sigma REE=6\times10^{-6}\sim76\times10^{-6}$），而矿化花岗岩的则相对较低（$\Sigma REE=2\times10^{-6}\sim4\times10^{-6}$），指示大气降水参与了成矿作用，印证了矿床的浅成特征（雷淮等，2011）。

1.3.2 硫同位素

板厂矿床所有硫化物的 $\delta^{34}S$ 值都在 0 附近，其中黄铜矿的 $\delta^{34}S$ 值为 -0.6‰~5.7‰，平均为 0.9‰，黄铁矿的 $\delta^{34}S$ 值-0.3‰~0.8‰，平均为 0.3‰，方铅矿的 $\delta^{34}S$ 值（-1.2‰~-0.8‰，平均值

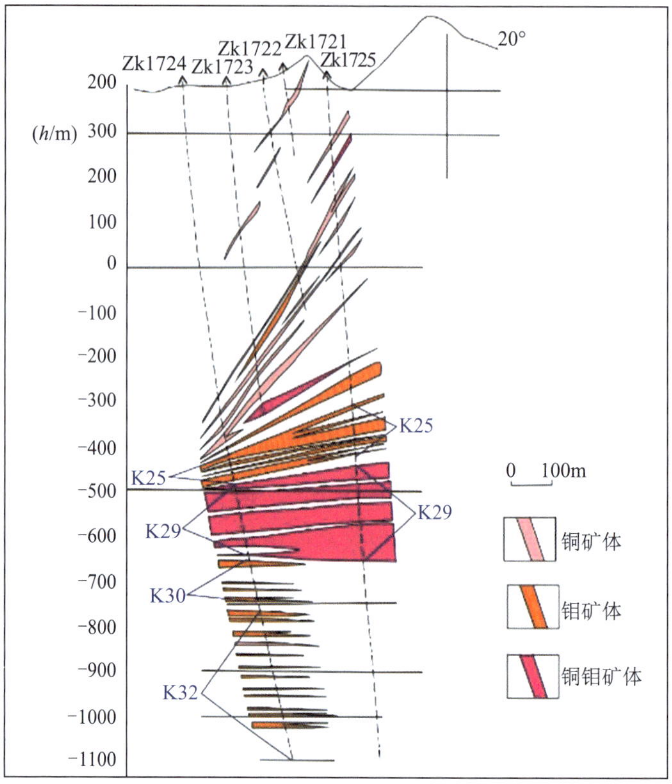

图 13 板厂铜多金属矿床第 172 线勘探线剖面图

（据陈金铎，2019）

为-1‰，与地幔硫同位素组成相近，表明板厂的硫化物以较深的地幔源硫为主。而不同硫化物的硫同位素之间存在一定的差异，表明各硫化物之间的硫同位素分馏尚未完全达到平衡（昝培，2020；吴帅吉等，2020）。

1.3.3 铅同位素

板厂矿床硫化物的 Pb 同位素特征可以分为两类：黄铜矿、黄铁矿和部分方铅矿样品具有较低的 $^{206}Pb/^{204}Pb$ 值（17.1213～17.7090），它们同时也具有较低的 $^{207}Pb/^{204}Pb$ 值（15.3690～15.5280）和较低的 $^{208}Pb/^{204}Pb$ 值（36.8671～37.8470），在铅构造模式图中落在了地幔线附近。而部分方铅矿样品具有较高的 $^{206}Pb/^{204}Pb$ 值（18.2664～18.3928），它们同时也具有较高的 $^{207}Pb/^{204}Pb$ 值（15.5609～15.6226）和较高的 $^{208}Pb/^{204}Pb$ 值（37.6113～38.4338），由此说明，板厂矿区的硫化物铅以深部幔源为主，并且混合了部分地壳物质，其成分的差异也反映出不同期次的硫化物各自混入的地壳物质程度存在差异（昝培，2020；吴帅吉等，2020）。

1.3.4 流体包裹体特征

板厂矿床包裹体比较丰富，各种类型的矿石中，均可以发现包裹体。主要包括气液两相、含 CO_2 三相及含子晶的包裹体。含子晶包裹体出现说明成矿流体的盐度相对较高，有利于携带更多的成矿物质。包裹体的均一温度介于 260～280℃之间，证明矿床形成于中温-中低温条件下，且温度变化不大。激光拉曼光谱测试表明：包裹体成分以盐水溶液为主，含有少量 C_2H_6、Cl^- 等成分。综上所述，板厂矿区成矿流体具有中低温、高盐度的特征，以深部的岩浆水为主，不同程度的混入了大气降水（雷淮等，2011；昝培，2020）。

1.4 矿床成因

印支末期华北板块与扬子板块碰撞闭合，进入燕山期陆内构造演化阶段，秦岭主要受到南北向的扬子板块和华北俯冲作用影响，主构造应力呈南北向。大陆深俯冲到地幔，其部分熔融形成的岩浆或脱水形成的流体开始交代上覆岩石圈地幔。燕山期，在中国东部构造体制转换的背景下，北秦岭和南秦岭沿朱-夏断裂带发生逆冲推覆，壳幔物质发生混合而重熔的岩浆与地幔熔体一起携带富含成矿物质流体，沿着商丹断裂向朱-夏断裂运移，至朱-夏断裂带流体减压并向浅部运移，由于物理化学条件的变化以及与浅部流体的混合，且浅部地壳压力的减小，从而发生岩浆地下隐蔽爆发作用，成矿流体发生减压沉淀。由于构造、岩浆、流体各种地质作用集中于板厂北山这一特殊的地质构造区，从而形成了板厂达百万吨以上的超大型铜矿，从而取代了秋树湾铜矿（10×10^4 t），成为秦岭及中国北方地区最大的铜矿床。

流体包裹体和硫、铅同位素特征共同指示成矿物质来源于较深的地幔源区。

第四章　东秦岭-大别山花岗岩和 Au、Mo、Cu 成矿规律

新编的东秦岭-大别山花岗岩与 Au、Mo、Cu 矿产分布规律图清晰地反映出本区花岗岩及与其有关联的 Mo、Au、Cu 的成矿作用的诸多重要规律，这些规律不仅对研究秦岭造山带还对其他造山带岩浆作用与成矿作用都具有十分重要的科学意义。

一、东秦岭-大别山花岗岩在中国及世界都独具特色

1）时代发育最长，从太古宙—元古宙—古生代—中生代花岗岩都有产出，时代如此完整的花岗岩在一个地区（造山带）都有出露，在世界任何地区的地质历史上几乎是绝无仅有的。

2）花岗岩时空分布表现出东老西新的特征，早古生代的花岗岩分布在东部，西部几乎全部为三叠纪印支期的花岗岩，中生代的花岗岩则分布于整个造山带（图 14）。这充分揭示秦岭造山带剪刀叉式的闭合过程，扬子与华北板块在大别山地区最先碰撞对接，并且向西逐渐进行。大别山地区缺失古生代花岗岩，表明上部岩浆岩已剥蚀殆尽，但却广泛发育了印支期的超高压变质作用，并成为世界上最大和最著名的高压-超高压变质带，除大量的柯石英外，还发现了金刚石。超高压变质岩石的出现，表明秦岭造山带已强烈遭剥蚀，而露出根部带。随着华北与扬子两大板块逐渐自动向西闭合，自山阳的沙河湾岩体至甘肃东部则主要以印支期花岗岩为主，表明海水在造山带东部已经退去，但在西部的柴达木地区仍有大洋，所以这里分布着大范围的海相三叠纪地层。这种现象可以形象地被称为“剪刀差”的构造作用（卢欣祥等，1996，2000）。

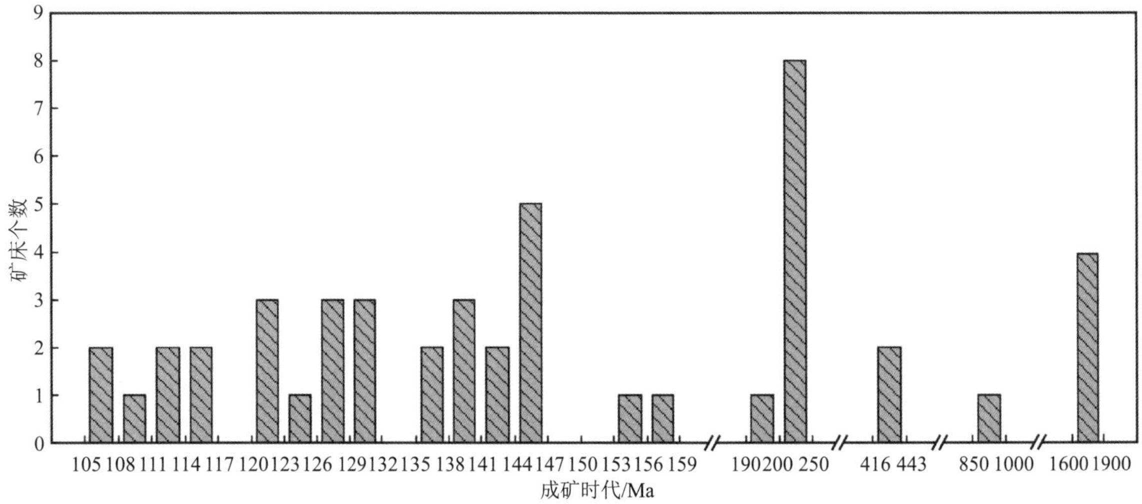

图 14　秦岭-大别山钼矿时代直方图

3）以商丹主缝带为中心，向南北两侧花岗岩逐渐变老，尤其华北南缘有出现有 Ar、Pt_{1-2}、Pt_3 时期的花岗岩（图 14），南秦岭（汉南）则只有 Pt_3 及以后的花岗岩，表明华北南缘比南秦岭及扬子北缘有更长的构造演化历史（卢欣祥，1996，2000）。

4）华北南缘及北秦岭出现了石秤、路家沟、龙王碴、桂家峪、垣头、张家坪等一系列 1.6~

1.8 Ga 的古元古代 A 型花岗岩（图 15）。这样由 A 型花岗岩与同时代的环斑花岗岩及斜长岩一起构成了全球的重要岩浆事件，古元古代末期是全球构造的重要转折期（卢欣祥，1986、1990）。

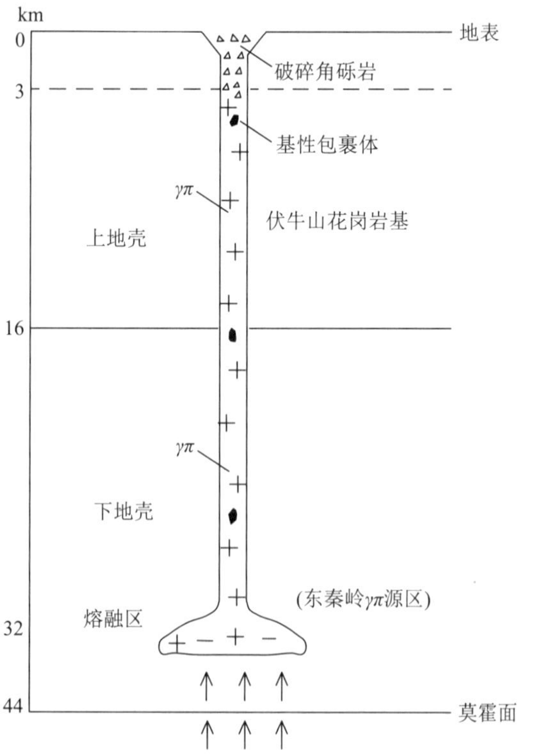

图 15　东秦岭产在大花岗岩基中的斑岩+爆破角砾岩矿床的形成模型

（据卢欣祥，2018）

5）花岗岩的类型分布从元古宙的拉张型 A 型花岗岩晋宁期—加里东期—印支期的俯冲碰撞花岗岩，中生代的陆内花岗岩，共同揭示了秦岭造山带拉张（Pt_{1-2}）-挤压（晋宁期—印支期）-拉张（燕山）构造演化，成为造山带的构造岩浆演化规律（王德滋，2000）。

6）中生代燕山期（J—K）出现了 110~120 Ma 的 A 型花岗岩，表明在白垩纪早晚之交发生了陆内拉张作用，暗示华北、扬子已拼合成统一陆块之后地壳仍然受到深层次的扰动，使地壳发生拉张并出现了时空一致的成矿作用。东沟、汤家坪及沙坪沟等大型-超大型钼矿就是这次构造作用形成的。

7）本规律图十分清晰地反映出在秦岭造山带中部商丹主缝合的北侧出现了一条由闪长岩-花岗闪长岩-二长花岗岩-正长花岗岩组成的加里东期岩浆弧。该岩浆弧东自大别山西段，经桐柏、镇平、南阳、西峡、向西至陕西的商洛、太白一线，长达近千千米，十分壮观，反映出中央造山带中部早古生代构造岩浆演化面貌特征。

值得关注的是这个岩浆弧岩石的组成中，基性成分（闪长质）分布在岩带的北侧，东部自毛集、板山坪，向西至商洛地区的蔡凹闪长岩带。桃园、五朵山、灰池子、枣园等二长花岗体为主的酸性岩带则分布在岩浆弧的南侧，其揭示的大地构造意义很值得深入研究。由于条件有限，我们未进行进一步研究。

8）此次工作中我们在五朵山岩体的东山部（石门）发现大片的二云母花岗岩，该类岩石地表风化较强，岩石定向构造明显，出现白云母，含量与黑云母一致，属典型的二云母花岗岩，其岩石特征与西峡北部的牛角山、德河、漂池相似，时代应可以对比。

二云母花岗岩是板块碰撞的岩石学标志（邓晋福等，1999），这样从洋淇沟（松树沟）蛇绿岩到德河、牛角山、漂池、石门明显构成了一条完整的晋宁期俯冲碰撞的构造岩浆岩带。在内乡一带，该岩带被早古生代的构造岩浆弧所破坏。该岩带的形成结束了秦岭古-中元古代的拉张环境，而开始了现代体制的板块构造（卢欣祥，1996，2000）。该岩带的发现，进一步证明秦岭造山带现代板块构造体制是从新元古代（晋宁期）开始的，二云母花岗岩的发现为秦岭板块构造体制的演化提供了确切的岩石学证据，特别是对板块构造开始的时间及主缝合带位置的确定具有举足轻重的意义。

二、东秦岭-大别山是中国及世界最大的钼多金属成矿带

根据规律图，Mo、Cu、Au 的分布十分清晰地反映出有以下规律。

1）钼矿。东秦岭地区与花岗岩有关的金属矿产主要以钼矿为主。规模大，矿床多，并且几乎全部分布在华北板块的南缘，尤其出现一系列世界级的超大型矿床（Mo>50×10^4 t 的有 7 个之多）和许多大、中、小型矿床，矿点、矿化点更是星罗棋布，从而使东秦岭成为中国乃至世界最大的钼成矿带，而南秦岭及北秦岭钼矿的强度很弱，有规模的矿床很少，多是一些矿点，矿床类型主要为斑岩-爆破角砾岩和火成碳酸岩（表1）。它们构成金堆城-石家湾、卢氏-灵宝、栾川北部、嵩县南部、千鹅冲-大银尖、汤家坪-沙坪沟等钼矿矿集区。本区是中国和世界钼矿成矿时代最早、最全的地区，从古元古代—古生代—中生代均有钼矿产出，且规模大，类型多，从而使其成为世界最大、也是最古老的钼成矿带。

2）铜矿。铜矿明显为劣势矿产，区内矿化点，矿化现象不少，但大多不成规模。东秦岭镇平秋树湾（北山）铜矿床是一典型爆破角砾岩型铜矿（卢欣祥，1980、1984），区内规模最大（储量 9.8×10^4 t，品位 0.76%）。陕西的山阳-柞水地区与斑岩及爆破角砾岩铜（含金）矿化十分普遍，通过几十年的勘查也只发现一些小型矿床和规模较小的矿点。区内虽然也有几处小型铜矿床，但多和花岗岩无关。

3）金矿。金矿分布在南北两个地区，北部位于华北南缘，矿床类型为爆破角砾岩（斑岩型），祈雨沟Ⅳ号角砾岩筒规模最大，可达大型矿床。南部分布在造山带中，以陡岭地区的蒲塘-琵琶沟金矿最大，属小型规模，其他的则为矿（化）点，分布也不广泛。

4）发现与碳酸岩有关的钼矿床并含有较多的三稀矿产。该类矿床首先在 20 世纪由黄典豪（1985）报导，陕西大石沟大型钼矿床为典型代表，并经过较详细的研究。我们根据大石沟钼矿的特征，经过多次反复野外调研，发现河南省嵩县地区原定的石英-钾长石脉型钼矿床是石英-碳酸岩脉型矿床，并在矿脉中找到方解石和天青石，其全岩稀土含量达 2000×10^{-6} 以上，成矿时代与大石沟钼矿完全一致。但河南省这类矿床后期钾长石化蚀变却很强，方解石几乎被钾长石交代殆尽，让不少研究者误认为是石英-钾长石脉。在我们关注的同时，黄典豪研究员也在嵩县黄水庵发现了此类矿床（黄典豪等，2009）。

由于火成碳酸岩是一种基性的地幔岩，时代为印支期，表明北秦岭在印支期属于拉张环境，而且在洛南及嵩县两地拉张的很深，使地幔碳酸岩得以上侵，由于钼矿的成矿时代与碳酸岩同时，这就提出了一条令人感兴趣的科学问题，钼究竟来自哪里？很值得深入研究。该类矿床的发现，为河南增加了新的钼矿类型，改写了河南钼矿发现史。

由于该类矿床的地幔属性，对研究本区深部地质作用和构造演化及地幔成矿作用等重大科学问题均具有重要的实际和理论意义。

5）地幔不均一性是造成这种分布规律的主要原因。上地幔成分的特征在很大程度上决定着区域成矿特征。这就造成了地壳中不同地区有不同的矿产分布。根据前人对秦岭的研究（张本仁等，1994，2002）发现：①本区地壳、上地幔的化学成分和热动力状态是不均一的，上地幔同世界地幔岩石元素平均含量比较，Mo、Pb 是明显富集元素，Cu 为明显亏损元素。根据对卢氏-灵宝地区的资料统计，钼在华北板块南缘和北秦岭上地幔中的丰度分别为 1.76×10^{-6} 和 1.70×10^{-6}，明显高于扬子板块北缘上地幔中量（1.10×10^{-6}）的含量。②华北板块南缘和北秦岭产出的各时代幔源或深源火山岩和基性侵入岩亦均具有明显富钼和贫铜的特征，反映了区域地壳深部和上地幔长期是富钼贫铜。③根据测定结果，华北板块南缘地壳钼的丰度为 1.85×10^{-6}，而北秦岭地壳钼丰度仅为 0.96×10^{-6}。④各构造单元花岗岩类钼的平均含量（可粗略地反应地壳成分），亦表现出由华北板块南缘到扬子板

块北缘钼含量由 1×10^{-6} 降低为 0.2×10^{-6}。

因此，本区 Mo、Pb 可以形成优势矿产，分布零散，有规模的（$10\times10^4 \sim 20\times10^4$ t）只有 2 处，构不成全国的优势矿产，完全是地幔不均一使然。这就是东秦岭北部华北南缘钼矿高度集中，并成为中国和世界巨型钼矿成矿带的内在原因。

6）我们提出印支期是中国中生代成矿作用大爆发的开始和先导，燕山期成矿叠加在印支期成矿作用之上从而构成中国东部中生代成矿大爆发的完全旋回的新认识（图 14），具有重要的科学和理论价值。而毛景文、华仁民等学者只把燕山期作为中国中生代成矿大爆发的概念是不完整的。

7）成矿时代有自西向东的迁移趋势，河南的西部及相邻的商洛、山阳地区，先出现印支期的成矿（200~240 Ma），尔后出现 140~150 Ma 的成矿，向东逐渐出现 130~145 Ma 的成矿，再向东自嵩县东沟向东至大别山地区则出现 100~120 Ma 的成矿作用。具明显的向东迁移趋势。

在南北横向方向上印支期及较老的成矿作用主要发生在华北南缘的洛南-嵩县两地，在大别山桐一商断裂以北的母山钼矿等成矿时代要比南侧的汤家坪、沙坪沟早 10~20 Ma，这种现象从另一个侧面证明秦岭造山带自东向西逐渐闭合的构造演化历史，因为东部的矿床早已剥蚀殆尽，而西部保留洛南、嵩县两地的印支期成矿作用很可能当时两地是一个沉积凹地（负地形），所以在造山带隆升剥蚀时得以保留了较老时代的矿床，或者是在印支期秦岭沿商丹构造带向华北俯冲时，在俯冲带及附近处于强大的挤压环境，由于华北南缘离俯冲带较远，应力达不到前缘的强力挤压，后缘处于拉张状态，出现一系列张性环境的 A 型花岗岩和碱性岩。至于洛南、嵩县两地出现幔源碳酸岩，暗示两处拉张比较深，以至于出现了幔源碳酸岩浆侵入地壳，并同时发生了与其相关的钼成矿作用。两种因素比较起来，第二种的可能性更大一些。

基于作者数十年勘查与研究的实践和火成岩理论研究的最新进展，本规律图及说明书从全新的视角对研究区的岩浆活动和成矿作用进行了解释，这种解释与当下流行的成矿理论有很大的不同，甚至截然相反，但对认识已有的地质事实和指导找矿实践很有帮助，并得到一线工作者与部分高校和研究者的响应。研究中提出了透岩浆流体成矿（不是透岩浆的概念），透岩浆流体成矿理论可以解释岩浆热液成矿理论已经解释过的现象，也可以合理解释它所不能解释的现象，还具备指导找矿的功能，具体情况请参阅卢欣祥、罗照华等《透岩浆流体成矿与东秦岭钼矿》（出版中）一书。

主要参考文献及资料

河南地质局地质三队. 1980. 河南省栾川县三道庄矿区钼钨矿详细勘探报告[R].

河南省有色金属地质勘查总院. 2006. 河南省嵩县鱼池岭钼矿普查地质报告[R].

陕西省金堆城地质队. 1959. 金堆城钼矿床最终勘探报告[R].

宜昌地质科学研究所一室, 河南省地质局四队. 1978. 豫西区域构造分析及隐伏小岩体的构造预测国际交流地质学术论文集[C]. 区域地质, 地质力学, 北京: 地质出版社.

包志伟, 曾乔松, 赵太平, 等. 2009. 东秦岭钼矿带南泥湖-上房沟花岗斑岩成因及其对钼成矿作用的制约[J]. 岩石学报. 25(10): 2523~2536.

曹晶, 叶会寿, 李洪英, 等. 2014. 河南嵩县黄水庵碳酸岩脉型钼(铅)矿床地质特征及辉钼矿 Re-Os 同位素年龄[J]. 矿床地质, 33(1): 53~69.

陈汉宗. 1987. 鄂东北早前寒武系地质年代学研究[J]. 地球化学, (2): 8.

陈衍景, 崔毫, 富士谷. 1992. 论祁雨沟式金矿[J]. 矿产与地质, 2(6): 103~110.

程知言, 胡建, 蒋少涌, 等. 2013. 河南鱼池岭钼矿有关花岗岩锆石 U-Pb 年龄和 Hf 同位素研究及其对成矿时代的制约[J]. 高校地质学报, 19(3): 403~414.

邓晋福. 1987. 岩石相平衡与岩石成因[M]. 武汉: 武汉地质学院出版社, 1~198.

邓晋福, 莫宣学, 赵海玲, 等. 1999. 中国东部燕山期岩石圈-软流圈系统大突变与成矿环境[J]. 矿床地质, 18(4): 309~315.

邓小芹. 2016. 华北克拉通南缘中元古代早期花岗岩的成因及其地质意义[D]. 中国科学院大学博士学位论文.

董云鹏, 周鼎武, 张国伟. 1996. 东秦岭松树沟蛇绿岩中超镁铁质岩及铬铁矿的成因探讨[J]. 地质找矿论丛, (1): 33~43.

杜乐天. 1988. 幔汁(HACONS) 流体[J]. 大地构造与成矿学, (1): 88~93.

范宏瑞, 谢奕汉, 郑学正, 等. 2000. 河南祁雨沟热液角砾岩体型金矿床成矿流体研究[J]. 岩石学报, 16(4): 559~563.

方荣, 许淑伟, 任明. 2013. 秋树湾斑岩-矽卡岩型铜钼矿流体包裹体特征及其所反映的矿床成因探讨[J]. 科技视界, (12): 151~152.

付鑫宁, 唐利, 姚梅青, 等. 2021. 东秦岭黄水庵钼矿床的碳酸岩成因与地质意义: 来自痕量元素和 Sr-Nd-Pb 同位素的约束[J]. 成都理工大学学报(自然科学版), 48(5): 525~538.

高阳. 2014. 大别山前鹅冲和汤家坪斑岩钼矿地质地球化学及成因研究[D]. 中国地质大学(北京)博士论文.

高永丰, 栾文楼, 魏瑞华, 等. 1995. 河南祁雨沟金矿流体包裹体研究[J]. 地球化学, 24(增刊): 150~159.

郭保健. 2006. 东秦岭中生代金属矿床组合与成矿规律研究[D]. 中国地质大学(北京)博士论文.

郭波. 2009. 东秦岭金堆城斑岩钼矿床地质地球化学特征与成矿动力学背景[D]. 西北大学博士毕业论文.

郭波, 朱赖民, 李诺, 等. 2009. 华北陆块南缘华山和合峪花岗岩岩体锆石 U-Pb 年龄、Hf 同位素组成与成岩动力学背景[J]. 岩石学报, 25(2): 265~281.

郭东升, 陈衍景, 祁进平. 2007. 河南祁雨沟金矿同位素地球化学和矿床成因分析[J]. 地质论评, 53(2): 217~227.

何世平, 王洪亮, 徐学义, 等. 2007. 北祁连东段红土堡基性火山岩和陈家河中酸性火山岩地球化学特征及构造环境[J]. 岩石矿物学杂志, 26(4): 295~309.

滑世权. 2011. 河南祁雨沟金矿床 J7 角砾岩体地质特征及找矿方向[J]. 矿产勘查: 22~26.

滑世权, 沈子杰. 2012. 祁雨沟金矿床 J4 角砾岩体地质特征及矿化富集规律[J]. 黄金, (33): 23~26.

黄典豪, 侯增谦, 杨志明, 等. 2009. 东秦岭钼矿带内碳酸岩脉型钼(铅)矿床地质-地球化学特征、成矿机制及成矿构造背景[J]. 地质学报, 83(12): 1968~1984.

黄典豪, 聂凤军, 王义昌, 等. 1984. 东秦岭地区钼矿床铅同位素组成特征及成矿物质来源初探[J]. 矿床地质, 3(4): 20~28.

黄典豪, 聂凤军, 王义昌, 等. 1985. 陕西金堆城-黄龙铺地区含钼花岗岩类岩石特征、成岩机制及其与钼矿床的关系[J]. 中国地质科学院矿床地质研究所刊, (4): 95~126.

黄典豪, 王义昌, 聂凤军, 等. 1985. 一种新的钼矿床类型-陕西黄龙铺碳酸岩脉型钼(铅)矿矿床地质特征及成矿机制[J]. 地质学报, (3): 241~257.

蒋德明, 付治国, 高胜淮, 等. 2008. 河南栾川南泥湖钼矿田成矿物质赋存状态分析[J]. 中国钼业, 32(1): 23~31.

金伟, 刘福. 1994. 祁雨沟金矿田 S、O、C、Pb 同位素组成及成矿物质来源[J]. 现代地质, 8(2): 139~145.

金昕, 任光辉, 曾建华, 等. 1996. 东秦岭造山带岩石圈热结构及断面模型[J], 中国科学(D 辑增刊), (26): 13~22.

劳子强, 王世炎, 张良, 等. 1996. 嵩山区前寒武纪地质构造特征及演化[M]. 见: 河南地质矿产与环境文集. 北京: 中国环境科学出版社, 87~95.

雷淮. 2011. 河南省内乡县板厂铜多金属矿矿床成因及成矿模式探讨[J]. 中国矿业, 20(9): 62~68.

黎彤. 1976. 化学元素的地球丰度[J]. 地球化学, (3): 167~174.

李德东, 罗照华, 周久龙, 等. 2011. 岩墙厚度对成矿作用的约束: 以石湖金矿为例[J]. 地学前缘, 18(1): 166~178.

李洪英, 毛景文, 王晓霞, 等. 2011. 陕西金堆城钼矿区花岗岩 Sr、Nd、Pb 同位素特征及其地质意义[J]. 中国地质, 38(6): 1536~1550.

李明立. 2009. 河南省大别山地区中生代中酸性小岩体特征及钼多金属成矿系统[D]. 北京：中国地质大学博士论文.
李诺，陈衍景，孙亚莉，等. 2009. 河南鱼池岭钼矿床辉钼矿铼-锇同位素年龄及地质意义[J]. 岩石学报，25(2)：413~421.
李诺，赖勇，鲁颖淮，等. 2008. 河南祁雨沟金矿流体包裹体及矿床成因类型研究[J]. 中国地质，35(6)：1230.
李胜荣，邵克忠. 1991. 河南嵩县祁雨沟金矿床石英流体包裹体标型[J]. 现代地质，5(4)：415~422.
李世华，韩军，柴春新. 1998. 河南祁雨沟金矿四号含金角砾岩筒地质地球化学特征及成因[J]. 黄金，9~12.
李曙光. 1991. 一个距今10亿年侵位的阿尔卑斯型橄榄岩体—北秦岭晚元古代板块构造体制的证据[J]，地质论评，37(3)：235~241.
李廷栋. 2010. 中国岩石圈的基本特征[R]. 2009年全国第四届成矿理论与找矿方法学术研讨会报告.
李永峰. 2005. 豫西熊耳山地区中生代花岗岩类时空演化与钼(金)成矿作用[D]. 北京：中国地质大学博士论文.
林潜龙，符光宏，张建平，等. 1984. 东秦岭汤河—二郎坪-刘山岩-马畈蛇绿岩套[J]. 河南地质，(2)：51~61.
刘良，周鼎武，董云鹏，等. 1995. 东秦岭松树沟高压变质基性岩石及其退变质作用的P-T演化轨迹[J]. 岩石学报，11(2)：10.
刘荣霞. 2014. 栾川南泥湖矿区构造蚀变岩分带的岩石学矿物学研究与填图[D]. 长安大学硕士论文.
刘孝善. 1986. 镇平秋树湾同熔型花岗岩，华北与华南古板块拼合带地质和成矿[M]. 南京大学出版社，286~298.
刘永春，付治国，高飞，等. 2006. 河南栾川南泥湖特大型钼矿床成矿母岩地质特征研究[J]. 中国钼业，30(3)：13~17.
卢欣祥. 1978. 河南省大别山地区(北麓)中酸性小岩体地质特征及找矿方向的初步探讨[J]. 河南地质，(4)：1~18.
卢欣祥. 1983. 河南省秦岭-大别山地区燕山期中酸性小岩体的基本地质特征及成矿专属性[J]. 河南地质，1(1)：49~55.
卢欣祥. 1984. 一个典型的同熔花岗岩型矿床——秋树湾斑岩铜(钼)矿床基本特征[J]. 矿物岩石，(4)：33~41.
卢欣祥. 1988. 河南省秦岭-大别山地区中酸性小岩体的基性特征及成矿专属性[J]. 中国区域地质，(13)：115~123.
卢欣祥. 1989. 东秦岭花岗岩[A]. 叶连俊，钱祥麟，张国伟主编. 秦岭造山带学术会议论文选集[C]. 西安：西北大学出版社，250~259.
卢欣祥. 1994. 东秦岭两类花岗岩与两个金矿系列[J]，地质论评，40(5)：418~428.
卢欣祥. 1998. 秦岭花岗岩揭示的造山过程-秦岭花岗岩研究进展[J]. 地球科学进展，13(2)：213~214.
卢欣祥. 2000. 秦岭花岗岩大地构造图[M]. 西安：西安地图出版社.
卢欣祥，等. 1980. 河南省秦岭-大别山地区中酸性小岩体地质与矿化特征[R]. 河南地质研究所.
卢欣祥，罗照华，黄凡，等. 2011. 河南省花岗岩类及与成矿关系研究——透岩浆成矿理论体系与河南省钼矿成矿作用[R]. 科研报告.
卢欣祥，尉向东，肖庆辉，等. 1999. 秦岭环斑花岗岩的年代学研究及其意义[J]. 高校地质学报，(4)：372~377.
卢欣祥，肖庆辉，等. 1996. 秦岭造山带花岗岩与构造演化[M]. 见：河南地质与矿产文集. 北京：中国环境科学出版社，19~23.
卢欣祥，于在平，冯有利，等. 2002. 东秦岭深源浅成型花岗岩的成矿作用及地质构造背景[J]. 矿床地质，21(2)：168~178.
吕伟庆，付治国，李济营，等. 2005. 河南省汝阳东沟矿区钼矿勘探报告[R]. 河南省地质矿产勘查开发局第二地质勘查院.
罗铭玖，董群英，李兴福. 1985. 河南南泥湖—三道庄钼钨矿床的地质特征及矿床类型[J]. 河南地质，237~246.
罗铭玖，黎世美，卢欣祥，等. 2000. 河南省主要矿床的成矿系列与成矿作用[M]. 北京：地质出版社. 81~136.
罗铭玖，王亨治，王宏洁，等. 1996. 中国矿床发展史—河南卷[M]. 北京：地质出版社.
罗铭玖，张辅民，董群英，等. 1991. 中国钼矿床[M]. 郑州：河南科学技术出版社，1~452.
罗照华，卢欣祥，陈必河，等. 2009. 透岩浆流体成矿作用导论[M]. 北京：地质出版社.
罗照华，卢欣祥，刘翠，等. 2011. 岩浆热液成矿理论的失败：原因和出路[J]. 吉林大学学报：地球科学版，41(1)：1~11.
罗镇宽，关康. 1995. 河南祁雨沟金矿床地质地球化学特征和矿床成因讨论[J]. 贵金属地质，4(1).
马振东. 1984. 从铅同位素组成特征初步探讨豫西东秦岭相矿带的成因和构造环境[J]. 地球科学-武汉地质学院学报，27(4)：57~64.
毛景文，谢桂青，张作衡，等. 2005. 中国北方中生代大规模成矿作用的期次及其地球动力学背景[J]. 岩石学报，(1)：171~190.
毛景文，张作衡，余金杰，等. 2003. 华北及邻区中生代大规模成矿的地球动力学背景：从金属矿床年龄精测得到启示[J]. 中国科学(D辑)，33(4)：289~299.
齐金忠，李汉光，葛良胜，等. 2005. 祁雨沟隐爆角砾岩型金矿床构造应力、成矿流体及元素地球[M]. 北京：地质出版社.
祁冬梅，周汉文，宫勇军，等. 2015. 岩石热液蚀变作用过程元素的活动性——河南祁雨沟金矿Ⅳ号岩体蚀变花岗斑岩的研究[J]. (31)：2255~2273.
乔怀栋，许永仁，董有. 1985. 洛南-豫西地区燕山期中酸性小岩体与钼矿成矿关系的研究[R]. 河南省地矿局科研所. 科研报告.
秦臻，戴雪灵，邓湘伟. 2012. 东秦岭秋树湾铜钼矿流体包裹体和稳定同位素特征及其地质意义[J]. 矿床地质，(31)：323~336.
秦臻. 2013. 东秦岭秋树湾铜钼矿成矿模式及找矿预测研究[D]. 中南大学博士论文.
任启江，徐兆文. 1993. 东秦岭大型钼矿床的形成条件[C]. 见：秦岭造山带学术讨论会论文集. 西安：西北大学出版社，261~272.
邵世才. 1995. 爆破角砾岩型金矿床的成因及其定位机制——以河南祁雨沟金矿为例[J]. 矿物学报，(15)：230~235.
石铨曾，尉向东，李明立，等. 2004. 河南省东秦岭山脉北缘的推覆构造及伸展拆离构造[M]. 北京：地质出版社，1~103.
石英霞，李诺，杨艳. 2009. 河南省栾川县三道庄钼钨矿床地质和流体包裹体研究[J]. 岩石学报，25(10)：2575~2587.
宋文磊，许成，刘琼，等. 2012. 火成碳酸岩的实验岩石学研究及对地球深部碳循环的意义[J]. 地质论评，58(4)：726~744.
孙枢，张国伟，陈志明. 1985. 华北断块南部前寒武纪地质演化[M]. 北京：冶金工业出版社.
汤中立. 2002. 中国的小岩体岩浆矿床[J]. 中国工程科学，4(6)：9~12.

唐灿辉. 2015. 栾川矿集区南泥湖与上房沟钼多金属矿床成岩成矿特征对比研究[D]. 中国地质大学(北京)硕士论文.
唐利，张寿庭，曹华文，等. 2014. 河南栾川三道沟铅锌银矿床成矿流体地球化学特征[J]. 现代地质，28(2)：359~368.
汪江河. 2009. 河南三道庄钨钼矿区深部下层矿的找矿意义[J]. 地质调查与研究，32(4)：291~296.
王爱枝. 2009. 河南商城汤家坪铝质 A 型花岗岩的地球化学特征及其构造指示意义[J]. 华南地质与矿产，(4)：10~16.
王宝德. 1991. 河南祁雨沟爆发角砾岩型金矿床金的富集规律[J]. 地质与勘探，9：9~15.
王宝德，李胜荣. 1992. 河南祁雨沟爆发角砾岩型金矿床地质地球化学特征[J]. 成矿理论，16~24.
王长明，邓军，张寿庭，等. 2006. 河南南泥湖 Mo-W-Cu-Pb-Zn-Ag-Au 成矿区内生成矿系统[J]. 地质科技情报，25(6)：47~52.
王德兹，等. 1986. 华南前寒武纪幔源花岗岩的基本特征，花岗岩地质与成矿关系[C](国际学术会议论文集，徐克勤、涂光炽主编)江苏科技出版社，82~ 90.
王尔康，傅承义. 1988. A 型花岗岩中发现宇宙尘[J]，南京大学学报，1：40.
王福贵，李国平，陈正友. 2005. 熊耳山地区角砾岩筒型金矿床地质-地球化学找矿模型[J]. 矿产与地质，112(19)：692~698.
王汉辉，唐利，杨勃畅，等. 2023. 东秦岭黄水庵碳酸岩型 Mo-REE 矿床方解石地球化学特征和氟碳铈矿 U-Th-Pb 年龄及其意义[J]. 西北地质，56(1)：48~62.
王吉君，卓肇昆. 1987. 广州国际花岗岩会议论文[D].
王晓霞，姜常义，安三元. 1986. 中酸性小斑岩中二辉麻粒岩包体的特征及其意义[J]. 西安地质学院学报，8(2)：16~22.
王运，陈衍景，马宏卫，等. 2009. 河南省商城县汤家坪钼矿床地质和流体包裹体研究[J]. 岩石学报，25(2)：468~480.
魏庆国，高昕宇，赵太平，等. 2010. 大别北麓汤家坪花岗斑岩锆石 LA-ICPMS U-Pb 定年和岩石地球化学特征及其对岩石成因的制约[J]. 岩石学报，26(5)：1550~1562.
吴发富. 2010. 熊耳山矿集区燕山期金成矿系统[D]. 中国地质大学(北京)硕士论文.
吴帅吉，陈建立，陈守余，等. 2020. 东秦岭中段板厂铜钼矿床 S、Pb 同位素对成矿物质来源的示踪作用[J]. 地质找矿论丛，35(1)：42~51.
夏林圻，夏祖春，等. 1991. 祁连、秦岭山西海相火山岩[M]. 武汉：中国地质大学出版社，122~135.
向君峰，毛景文，裴荣福，等. 2012. 南泥湖-三道庄钼(钨)矿的成岩成矿年龄数据及其地质意义[J]. 中国地质，39(2)：458~473.
肖庆辉，冯艳芳，刘勇. 2011. 中国东部软流圈上涌与花岗岩成因初探[R]. 学术报告.
肖庆辉，冯艳芳. 2008. 中国东部软流圈上涌与花岗岩成因初探—亚洲大陆深部地质作用与浅部地质—成矿响应学术研讨会论文摘要，学术报告.
肖庆辉，刘勇，冯艳芳. 2010. 中国东部中生代岩石圈演化与太平洋板块俯冲消减关系的讨论[J]. 中国地质，37(4)：1092~1101.
谢奕汉，范宏瑞，李若梅，等. 1991. 河南祁雨沟爆破角砾岩型金矿床包裹体研究[J]. 矿物学报，11(4)：370~376.
邢集善，杨巍然，邢作云，等. 2009. 中国东部中生代软流圈上涌与构造-岩浆-矿集区[R]. 地学前缘，16(4)：225~239.
熊索菲. 2011. 河南嵩县祁雨沟金矿成矿流体及成矿机制研究[D]. 硕士学位论文.
熊索菲，姚书振，宫勇军，等. 2014. 河南祁雨沟金矿临界-超临界包裹体特征及成矿流体演化[J]. 吉林大学学报(地球科学版)，44(1)：120~133.
许令安. 2010. 河南嵩县祁雨沟金矿床成矿作用及找矿预测研究[D]. 中国地质大学(北京)博士论文.
薛祖雷，等. 1982. 陕西省洛南石坡-黄龙铺一带中酸性小岩体含矿性研究报告[R]. 陕西省地质局综合研究队.
闫星光. 2014. 河南栾川县南泥湖钼钨多金属矿床矿物学研究及成矿过程探讨[D]. 中国地质大学(北京)硕士论文.
闫星光，尹京武，朴庭贤，等. 2013. 河南南泥湖钼钨矿床中白钨矿的矿物学特征研究[J]. 电子显微学报，32(4)：31~324.
杨力，陈福坤，杨一增，等. 2010. 丹凤地区秦岭岩群片麻岩锆石 U-Pb 年龄：北秦岭地体中-新元古代岩浆作用和早古生代变质作用的记录[J]. 岩石学报，26(5)：1589~1603.
杨艳，张静，刘家军，等. 2008. 河南汤家坪钼矿床流体成矿作用研究[J]. 中国地质，35(6)：1240~1249.
杨永飞，李诺，杨艳. 2009. 河南栾川南泥湖斑岩型钼钨矿床流体包裹体研究[J]. 25(10)：50~62.
杨泽强. 2007. 河南省商城县汤家坪钼矿成矿模式研究[D]. 中国地质大学(北京)工程硕士论文.
杨泽强. 2009. 北大别山商城汤家坪富钼花岗斑岩体地球化学特征及构造环境[J]. 地质论评，55(5)：745~752.
姚军明，赵太平，李晶，等. 2009. 河南祁雨沟金矿成矿系统辉钼矿 Re-Os 年龄和锆石 U-Pb 年龄及 Hf 同位素地球化学[J]. 岩石学报，(25)：374~384.
於崇文. 1999. 大型矿床和成矿区(带) 在混沌边缘(1)[J]. 地学前缘，6(1)：85~102.
袁学诚，华九如. 2011. 华南岩石圈三维结构[J]. 中国地质，38(1)：1~19.
昝培. 2022. 东秦岭豫西板厂金钼成矿带岩浆演化与成矿作用研究[D]. 中国地质大学(北京)博士论文.
曾华杰，张泰华，张炳欣，等. 1983. 南泥湖钼矿田围岩蚀变及其与成矿关系[J]. 河南地质，22~30.
曾华杰，张泰华，张炳欣，等. 1983. 南泥湖钼矿田围岩蚀变及其与成矿关系[J]. 河南地质，22~30.
张本仁，高山，张宏飞，等. 2002. 秦岭造山带地球化学[M]. 北京：科学出版社.
张本仁，骆庭川，高山，等. 1994. 秦巴岩石圈构造及成矿规律地球化学研究[M]. 武汉：中国地质大学出版社，209.
张成立，王涛，王晓霞. 2008. 秦岭造山带早中生代花岗岩成因及其构造环境[J]. 高校地质学报，(3)：304~316.

张国伟，梅志超，周鼎武，等. 1987. 秦岭造山带的形成及演化[M]. 西安：西北大学出版社，1～7.
张国伟，孟庆任，于在平，等. 1996. 秦岭造山带的造山过程及其动力学特征[J]，中国科学(D辑)，36(3)：193～200.
张国伟，于在平，董云鹏，等. 2000. 秦岭区前寒武纪构造格局与演化问题探讨[J]. 岩石学报，(1)：11～21.
张国伟，张本仁，袁学诚，等. 2001. 秦岭造山带与大陆动力学[M]，北京：科学出版社.
张娟，叶会寿，史美超，等. 2013. 东秦岭鱼池岭斑岩型钼矿床成矿作用过程——来自成矿流体的约束[J]. 地质通报，32(7)：1113～1128.
张旗. 2013. 关于"小岩体"为什么有利于成矿[J]. 甘肃地质，22(4)：1～7.
张旭晃. 2014. 河南栾川三道沟铅锌矿同位素地球化学特征及成因分析[D]. 中国地质大学(北京)硕士学位论文.
张泽军，安三元. 1990. 松树沟超镁铁岩岩石地球化学特征及其成因意义[J]. 西安地质学院学报，12(2)：8.
张泽军，安三元，何瑞芳. 1991. 秦岭群中松树沟OIB型正角闪石及其意义[J]. 矿物岩石地球化学通报.
张智慧，秦明，方荣，等. 2008. 河南镇平秋树湾矿区铜、钼矿床地质特征及深部找矿潜力分析[J]. 矿产与地质，22(2)：107～110.
张宗清，刘敦一，付国民. 1994. 北秦岭变质地层同位素年代研究[M]. 地质出版社，5～7.
周珂. 2008. 豫西鱼池岭斑岩钼矿床的地质地球化学特征与成因研究[D]. 中国地质大学(北京)硕士论文.
周作侠，李秉伦，郭抗衡，等. 1993. 华北地台南缘金(钼)矿床成因[M]. 北京：地质出版社.
朱华平. 1998. 河南秋树湾角砾岩型铜(钼)矿地球化学特征[J]. 有色金属矿产与勘查，(8)：228～233.
朱华平，祁思敬，李英，等. 1998. 河南秋树湾角砾岩型铜矿特征及成矿作用[J]. 西安工程学院学报，(20)：14～18.
朱赖民，张国伟，郭波，等. 2008. 东秦岭金堆城大型斑岩钼矿床LA-ICP-MS锆石U-Pb定年及成矿Pb定年及成矿动力学背景[J]. 地质学报，82(2)：204～220.
朱训，黄崇轲，芮宗瑶，等. 1983. 德兴斑岩铜矿[M]. 北京：地质出版社，1～336.
Bachmann O, Bergantz G W. 2006. Gas percolation in upper-crustal silicic crystal mushes as a mechanism for upward heat advection and rejuvenation of near-solidus magma bodies[J]. Journal of Volcanology and Geothermal Research, 149(1-2): 85～102.
Blundy J, Mavrogenes J, Tattitch B, et al. 2015. Generation of porphyry copper deposits by gas-brine reaction in volcanic arcs[J]. Nature Geoscience, 8(3): 235～240.
Burnham C W, Ohmoto H. 1980. Late-stage processes of felsic magmatism. In: Ishihara S and Takenouchi S (eds.) [J]. Granitic Magmatism and Related Mineralization. Mining Geology, 8: 1～11.
Burnham C W. 1979. Magmas and hydrothermal fluids. In: Barnes HL (ed.) [J]. Geochemistry of Hydrothermal Ore Deposits. 2nd ed. New York: Wiley, 71～136.
Ishihara, S. 1997. The magnetite-series and ilmenite-series granitic rocks[J]. Mining Geology, 27(5): 295～305.
Mao J W, Xie G Q, Bierlein F, et al. 2008. Tectonic implications from Re-Os dating of Mesozoic molybdenum deposits in the East Qinling-Dabie orogenic belt [J]. Geochim Cosmochim Acta, 72(18): 4607～4626.
Parmigiani A, Huber C, Bachmann O. 2014. Mush microphysics and the reactivation of crystal-rich magma reservoirs[J]. Journal of Geophysical Research: Solid Earth, 119(8): 6308～6322.
Sillitoe R H. 2010. Porphyry copper systems[J]. Economic geology, 105(1): 3～41.
Stein H J, Markey R J, Morgan J W, et al. 1997. Highly precise and accurate Re-Os ages for molybdenite from the East Qinling molybdenum belt [J], Shanxi Province, China. Econ. Geol., 92: 827～835.
Whalen J B, Currie K L, Chaocell B W. 1987. A-type granites: Geochemical characteristics, discrimination and petrogenesis[J]. Contribution to Mineralogy and Peteology, 95: 407～419.
Yang Z F, Luo Z H, Lu X X, et al. 2014. The role of external fluid in the Shanggusi dynamic granitic magma system, East Qinling, China: Quantitative integration of textural and chemical data[J]. Lithos, 208～209: 339～360.
Yang Z F. 2012. Combining quantitative textural and geochemical studies to understand the solidification processes of a granite porphyry: Shanggusi, East Qinling, China[J]. Journal of Petrology, 53(9): 1807～1835.
Зотов ИА. 1989. Трансмагматические флюиды в магматизме и рудообразовании[J]. Москва: Наука, 214.
Коржинский ДС. 1952. Гранитизация как магматическое замещение[J]. In: Изв. АН СССР. Сер. Геол., (4): 56～69.
Маракушев А А, Панеях НАи, Маракушев СА. 2014. Сульфидное рудообразование и его углеводородная специализация [J]. Москва: ГЕОС, 183.

《东秦岭-大别山花岗岩与 Au、Mo、Cu 矿床分布规律图》参考文献

[1] Jiang Y H, Jin G D, Liao S Y, et al. 2010. Geochemical and Sr-Nd-Hf isotopic constraints on the origin of Late Triassic granitoids from the Qinling orogen, central China: Implications for a continental arc to continent-continent collision[J]. Lithos, 117(1-4): 183~197.

[2] 陈岳龙，张本仁. 1994. 华北克拉通南缘豫西燕山期花岗岩类的 Pb、Sr、Nd 同位素地球化学特征[J]. 地球科学, 19(3): 375~382.

[3] 陆松年，陈志宏，李怀坤，等. 2005. 秦岭造山带中两条新元古代岩浆岩带[J]. 地质学报, 79(2): 165~173.

[4] 李阳. 2014. 东秦岭八里坪岩体侵位机制的构造约束及意义[D]. 西北大学硕士学位论文.

[5] 陕西省地质矿产勘查开发局. 2005. 陕西省花岗岩分布图. 科研报告[R].

[6] 代军治，鱼康平，王瑞廷，等. 2015. 南秦岭宁陕地区新铺钼矿地质特征、辉钼矿 Re-Os 年龄及地质意义[J]. 岩石学报, 31(1): 189~199.

[7] Sun W, Li S, Chen Y, et al. 2002. Timing of synorogenic granitoids in the South Qinling, central China: Constraints on the evolution of the Qinling-Dabie orogenic belt[J]. The Journal of geology, 110(4): 457~468.

[8] 秦江锋. 2010. 秦岭造山带晚三叠世花岗岩类成因机制及深部动力学背景[D]. 西北大学博士学位论文.

[9] 杨恺，刘树文，李秋根，等. 2009. 秦岭柞水岩体和东江口岩体的锆石 U-Pb 年代学及其意义[J]. 北京大学学报(自然科学版), 45(5): 841~847.

[10] 刘春花，吴才来，郜源红，等. 2014. 南秦岭东江口，柞水和梨园堂花岗岩类锆石 LA-ICP-MSU-Pb 年代学与锆石 Lu-Hf 同位素组成[J]. 岩石学报, 30(8): 2402~2420.

[11] 雷敏. 2011. 秦岭造山带东部花岗岩成因及其与造山带构造演化的关系[D]. 中国地质科学院博士学位.

[12] 李雷，张成立，周莹，等. 2012. 秦岭早中生代壳幔岩浆混合作用[J]. 高校地质学报, 18(2): 291~306.

[13] 刘树文，杨朋涛，李秋根，等. 2011. 秦岭中段印支期花岗质岩浆作用与造山过程[J]. 吉林大学学报, 41(6): 1928~1943.

[14] Ping X Q, Zheng J P, Zhao J H, et al. 2013. Heterogeneous sources of the Triassic granitoid plutons in the southern Qinling orogen: An E-W tectonic division in central China[J]. Tectonics.

[15] 弓虎军，朱赖民，孙博亚，等. 2009, 南秦岭地体东江口花岗岩及其基性包体的锆石 U-Pb 年龄和 Hf 同位素组成[J]. 岩石学报, 25(11): 3029~3042.

[16] 代军治，鱼康平，王瑞廷，等. 2015. 男秦岭宁陕地区新铺钼矿地质特征、辉钼矿 Re-Os 年龄及地质意义[J]. 岩石学报, 31(1): 189~199.

[17] 王娟，李鑫，赖绍聪，等. 2008, 印支期南秦岭西茬河，五龙岩体成因及构造意义[J]. 中国地质, 35(2): 207~216.

[18] Yang P, Liu S, Li Q, et al. 2012. Geochemistry and zircon U-Pb-Hf isotopic systematics of the Ningshan granitoid batholith, middle segment of the south Qinling belt, Central China: constraints on petrogenesis and geodynamic processes[J]. Journal of Asian Earth Sciences, 61: 166~186.

[19] 李双庆，杨晓勇，屈文俊，等. 2010. 南秦岭宁陕地区月河坪夕卡岩型钼矿 Re-Os 年龄和矿床学特征[J]. 岩石学报, (5): 1479~1486.

[20] 骆金诚，赖绍聪，秦江锋，等. 2010. 南秦岭晚三叠世胭脂坝岩体的地球化学特征及地质意义[J]. 地质论评, 56(6): 792~800.

[21] 韦龙猛. 2007. 南秦岭晚三叠世胭脂坝花岗岩的成因[D]. 中国科学技术大学硕士学位论文.

[22] Dong, Y. P., Liu, X. M., Zhang, G. W, et al. 2011. Triassic diorites and granitoids in the Foping area: constraint on the conversion from subduction to collision in the Qinling orogen, China[J]. Journal of Asian Earth Sciences, 47, 123~142.

[23] 张红，陈丹玲，翟明国，等. 2015. 南秦岭桂林沟斑岩型钼矿 Re-Os 同位素年代学及其构造意义研究[J]. 岩石学报, 31(07): 2023~2037.

[24] 刘哲东，孙丰月，马芳芳，等. 2013. 陕西南秦岭柞水岩体锆石 U-Pb 年龄，岩石地球化学特征及其地质意义[J]. 世界地质, 32(2): 236~243.

[25] 苏文等. 2008. 东秦岭造山带花岗岩分布图[M].

[26] 刘仁燕，牛宝贵，和政军，等. 2011. 陕西柞水地区小茅岭复式岩体东段 LA-ICP-MS 锆石 U-Pb 定年[J]. 地质通报, 30(2): 448~460.

[27] 牛宝贵，和政军，任纪舜 等. 2006. 秦岭地区陡岭—小茅岭隆起带西段几个岩体的 SHRIMP 锆石 U-Pb 测年及其地质意义[J]. 地质论评, 52(6): 826~835.

[28] Li Q, Liu S, Wang Z, et al. 2011. Late Jurassic Cu - Mo Mineralization at the Zhashui - Shanyang District, South Qinling, China: Constraints from Re-Os Molybdenite and Laser Ablation-Inductively Coupled Plasma Mass Spectrometry U-Pb Zircon Dating[J]. Acta Geologica Sinica, 85(3): 661~672.

[29] 吴发富，王宗起，闫臻，等. 2014. 秦岭山阳-柞水地区燕山期中酸性侵入岩地球化学特征，锆石 U-Pb 年龄及 Lu-Hf 同位素组成[J]. 岩石学报, 30(2): 451~471.

[30] 郭波，朱赖民，李诺，等. 2009. 华北陆块南缘华山和合峪花岗岩岩体锆石 U-Pb 年龄、Hf 同位素组成与成岩动力学背景[J]. 岩石学报, 25(2): 265~281.

[31] 毛景文，谢桂青，张作衡，等. 2005. 中国北方中生代大规模成矿作用的期次及其地球动力学背景[J]. 岩石学报, (1): 171~190.

[32] 张兴康，叶会寿，李正远，等. 2015. 小秦岭华山复式岩基大夫峪岩体锆石 U-Pb 年龄、Hf 同位素和地球化学特征[J]. 矿床地质, 34(2): 235~260.

[33] Ding L X, Ma C Q, Li J W, et al. 2011. Timing and genesis of the adakitic and shoshonitic intrusions in the Laoniushan complex, southern margin of the North China Craton: implications for post-collisional magmatism associated with the Qinling Orogen[J]. Lithos, 126(3): 212~232.
[34] 齐秋菊，王晓霞，柯昌辉，等. 2012. 华北地块南缘老牛山杂岩体时代、成因及地质意义：锆石年龄、Hf同位素和地球化学新证据[J]. 岩石学报，28(1)：279~301.
[35] 丁丽雪，马昌前，李建威，等. 2010. 华北克拉通南缘蓝田和牧护关花岗岩体：LA-ICPMS锆石U-Pb年龄及其构造意义[J]. 地球化学，39(5)：401~413.
[36] 王晓霞，王涛，齐秋菊，等. 2011. 秦岭晚中生代花岗岩时空分布，成因演变及构造意义[J]. 岩石学报，27(6)：1573~1593.
[37] 邓小芹. 2016. 华北克拉通南缘中元古代早期花岗岩的成因及其地质意义[D]. 中国科学院大学博士学位论文. 2016.
[38] 刘春花，吴才来，郜源红，等. 2013. 南秦岭麻池河乡和沙河湾花岗岩体锆石LA-ICP-MS U-Pb年代学及Lu-Hf同位素组成[J]. 地学前缘，(05)：36~56.
[39] 刘军锋，孙勇，孙卫东. 2009. 秦岭拉鸡庙镁铁质岩体锆石LA-ICP-MS年代学研究[J]. 岩石学报，25(2)：320~330.
[40] Wang F, Lu X X, Lo C H, et al. 2007. Post-collisional, potassic monzonite-minette complex (Shahewan) in the Qinling Mountains (central China): 40Ar/39Ar thermochronology, petrogenesis, and implications for the dynamic setting of the Qinling orogen[J]. Journal of Asian Earth Sciences, 31(2): 153~166
[41] 张成立，王晓霞，王涛，等. 2009. 东秦岭沙河湾岩体成因-来自锆石U-Pb定年及其Hf同位素的证据[J]. 西北大学学报(自然科学版)，39(3)：453~465.
[42] 张继. 2015. 南秦岭柞水-山阳地区中酸性岩体成因机制及构造背景[D]. 西北大学硕士学位论文.
[43] 杨恺. 2010. 西秦岭拃水-山阳地区花岗质岩浆作用及相关的成矿作用[D]. 北京：北京大学硕士学位论文. 1~91.
[44] 郑俊，朱赖民，姜航，等. 2015. 南秦岭柞水-山阳矿集区印支期和燕山期花岗岩对比研究[J]. 矿物岩石地球化学通报，34(6)：1155~1172.
[45] 谢桂青，任涛，李剑斌，等. 2012. 陕西柞山盆地池沟铜钼矿区含矿岩体的锆石U-Pb年龄和岩石成因[J]. 岩石学报，28(1)：15~26.
[46] 申志超. 2012. 南秦岭池沟铜（钼）地质地球化学特征与成因探讨[J]. 中国地质大学（北京）硕士学位论文.
[47] 王涛,王宗起,闫臻，等. 2009. 山阳色河花岗岩地球化学特征和锆石SHRIMP U-Pb年代学[J]. 地质学报，83(11)：1657~1666.
[48] 高昕宇，赵太平，高剑峰，等. 2012. 华北陆块南缘小秦岭地区早白垩世埃达克质花岗岩的LA-ICP-MS锆石U-Pb年龄、Hf同位素和元素地球化学特征[J]. 地球化学，41(4)：303~325.
[49] Zhao H X, Jiang S Y, Frimmel H E, et al. 2012. Geochemistry, geochronology and Sr-Nd-Hf isotopes of two Mesozoic granitoids in the Xiaoqinling gold district: Implication for large-scale lithospheric thinning in the North China Craton[J]. Chemical Geology, 173 ~189.
[50] Mao J W, Xie G Q, Pirajno F, et al. 2010. Late Jurassic-Early Cretaceous granitoid magmatism in Eastern Qinling, central-eastern China: SHRIMP zircon U-Pb ages and tectonic implications[J]. Australian Journal of Earth Sciences, 57(1): 51~78.
[51] 王义天，叶会寿，叶安旺，等. 2010. 小秦岭文峪和娘娘山花岗岩体锆石SHRIMP U-Pb年龄及其意义[J]. 地质科学，45(1)：167~180.
[52] Hu J, Jiang S Y, Zhao H X, et al. 2012. Geochemistry and petrogenesis of the Huashan granites and their implications for the Mesozoic tectonic settings in the Xiaoqinling gold mineralization belt, NW China[J]. Journal of Asian Earth Sciences, 56: 276~289.
[53] 柳晓艳. 2011. 华北克拉通南缘古-中元古代碱性岩岩石地球化学与年代学研究及其地质意义[D]. 中国地质科学院硕士学位论文.
[54] 李春麟. 2011. 小秦岭太华群花岗片麻岩与小河花岗岩形成时代及构造意义[D]. 中国地质大学硕士学位论文. 2011.
[55] 胡浩，李建威，邓晓东. 2011. 洛南-卢氏地区与铁铜多金属矿床有关的中酸性侵入岩锆石U-Pb定年及其地质意义[J]，矿床地质，(6)：979~1001.
[56] 柯昌辉，王晓霞，李金宝，等. 2013. 华北地块南缘黑山-木龙沟地区中酸性岩的锆石U-Pb年龄，岩石化学和Sr-Nd-Hf同位素研究[J]. 岩石学报，29(3)：781~800.
[57] 张航. 2015. 东秦岭燕山期成矿小斑岩体成因机制及构造北京[D]. 西北大学硕士学位论文.
[58] 曾令君，星玉才，周栋，等. 2013. 河南卢氏八宝山花岗斑岩LA-ICP-MS锆石U-Pb年龄和Hf同位素组成特征[J]. 大地构造与成矿学，37(1)：65~77.
[59] 柯昌辉，王晓霞，李金宝，等. 2012. 北秦岭马河钼矿区花岗岩类的锆石U-Pb年龄、地球化学特征及其地质意义[J]. 岩石学报，28(1)：267~278.
[60] 张照伟，李文渊，赵东宏，等. 2010. 东秦岭莲花沟岩体锆石U-Pb年代学研究及其地质意义[J]. 地球化学，39(1)：90~99.
[61] 秦海鹏，吴才来，武秀萍，等. 2012，秦岭造山带蟒岭花岗岩锆石LA-ICP-MS U-Pb年龄及其地质意义[J]. 地质论评，58(4)：783~793.
[62] 杨阳. 2014. 北秦岭莽岭花岗岩体的时代、岩浆演化及物质来源[D]. 中国地质大学(北京)硕士毕业论文.
[63] 柯昌辉，王晓霞，杨阳，等. 2013. 北秦岭南台钼多金属矿床成岩成矿年龄及锆石Hf同位素组成[J]. 中国地质，39(6)：1562~1576.
[64] 秦拯纬. 2016. 北秦岭造山带早古生代岩浆作用及其大陆地壳演化意义[D]. 中国地质大学博士学位论文.
[65] 张成立，刘良，张国伟，等. 2004. 北秦岭新元古代后碰撞花岗岩的确定及其构造意义[J]. 地学前缘，11(3)：33~42.
[66] 刘丙祥. 2010. 北秦岭地体东段岩浆作用与地壳演化[D]. 中国科学技术大学博士学位论文.
[67] 赵如意，李卫红，姜常义，等. 2014. 东秦岭丹凤地区黄龙庙二长花岗岩LA-ICP-MS锆石U-Pb年龄、岩石地球化学特征及其地质意义[J]. 地质论评，60(5)：1123~1132.

[68] 乔怀栋，徐永仁，董有，等. 1985. 洛南-豫西地区燕山期中酸性小岩体与钼矿成矿关系的研究[R]. 河南省地矿局科研所.
[69] 王涛，王晓霞，田伟，等. 2009. 北秦岭古生代花岗岩组合，岩浆时空演变及其对造山作用的启示[J]. 中国科学：地球科学（中文版），39(7)：949~971.
[70] Tao W, Xiaoxia W, Guowei Z, et al. 2003. Remnants of a Neoproterozoic collisional orogenic belt in the core of the Phanerozoic Qinling orogenic belt (China)[J]. Gondwana Research, 6(4)：699~710.
[71] 王涛，张宗清，王晓霞，等. 2005. 秦岭造山带核部新元古代碰撞变形及其时代—强变形同碰撞花岗岩与弱变形脉体锆石 SHRIMP 年龄限定[J]. 地质学报，79(2)：220~231.
[72] Chen D, Liu L, Sun Y, et al. 2004. LA-ICP-MS zircon U-Pb dating for high-pressure basic granulite from North Qinling and its geological significance[J]. Chinese Science Bulletin, 49(21)：2296~2304.
[73] 陈志宏. 2005. 秦岭造山带东部新元古代热—构造事件及其地质意义[D]. 中国地质科学院.
[74] "Liu L, Chen D, Zhang A et al. 2004. Geochemical Characteristics and LA-ICP-M S Zircon U-Pb Dating of Amphibolites in the Songshugou Ophiolite in the Eastern Qinling[J]. acta geologica sinica, 78(1)：137-145.
[75] 钱加慧，杨秀清，刘良，等. 2013. 北秦岭松树沟榴闪岩锆石 U-Pb 定年、矿物包裹体和 Lu-Hf 同位素特征及其地质意义[J]. 岩石学报，29(09)：3087~3098.
[76] 李惠民，相振群，李怀坤，等. 2005. 秦岭富水杂岩的变辉长岩中斜锆石与锆石 U-Pb 同位素年龄的差异及其地质意义[J]. 地球学报，26(B09)：57~60.
[77] 苏犁，宋述光，宋彪，等. 2004. 松树沟地区石榴辉石岩和富水杂岩 SHRIMP 锆石 U-Pb 年龄及其对秦岭造山带构造演化的制约[J]. 科学通报，49(12)：1209~1211.
[78] 陈志宏，陆松年，李怀坤，等. 2004. 秦岭造山带富水中基性侵入杂岩的成岩时代——锆石 U-Pb 及全岩 Sm, Nd 同位素年代学新证据[J]. 地质通报，23(4)：322~328.
[79] 王浩. 2014. 东秦岭-桐柏造山带新元古代-早古生代不同阶段演化的变质和岩浆作用[D]. 中国地质大学博士学位论文.
[80] 卢仁，梁涛，卢欣祥，等. 2013. 豫西峪山龙卧沟岩体和后河岩体 LA-ICP MS 锆石 U-Pb 年代学[J]. 高校地质学报，(19)：474~475.
[81] 曾威，常云真，司马献章，等. 2017. 河南省峪山地区中河银多金属矿床花岗斑岩体形成时代及其地质意义[J]. 地质调查与研究，40(2)：81~88.
[82] Liang T, Bai F J, Lu R et al. 2013. LA-ICP-MS zircons dating of Baishiya body in Xiao Mountain, western Henan Province, and its geologic implications[J]. Acta Geologica Sinica, 87(Supp.), 722~725.
[83] 梁涛，卢仁. 2014. 豫西峪山小妹河岩体 LA-ICP MS 锆石 U-Pb 定年及地质意义[J]. 中国地球科学联合年会，2209~2210.
[84] 梁涛，卢仁，罗照华. 2015. 豫西熊耳山蒿坪沟黑云母花岗斑岩的锆石 LA-ICP-MSU-Pb 年龄及其地质意义地质意义[J]，地质论评，61(4)：901~912.
[85] 李厚民，王登红，王晓霞，等. 2012. 华北地块南缘熊耳山早中生代正长花岗岩—SHRIMP 锆石 U-Pb 年龄，地球化学及意义[J]. 岩石矿物学杂志，31(6)：771~782.
[86] Han YG, Zhang SH, Pirajno F, et al. 2013. U-Pb and Re-Os isotopic systematics and zircon Ce^{4+}/Ce^{3+} ratios in the Shiyaogou Mo deposit in eastern Qinling, central China: Insights into the oxidation state of granitoids and Mo(Au) mineralization[J]. Ore Geology Reviews, 55: 29~47.
[87] 高亚龙，张江明，叶会寿，等. 2010. 东秦岭石窑沟斑岩钼矿床地质特征及辉钼矿 Re-Os 年龄[J]. 岩石学报，26(03)：719~739.
[88] 田伟，魏春景. 2005. 北秦岭造山带加里东期低 Al-TTD 系列：岩石特征、成因模拟及地质意义[J]. 中国科学 D 辑，35(3)：215~224.
[89] 河南省地质调查院. 2008. 1：50000 栾川县幅区域地质调查报告[R].
[90] 梁涛，卢仁，王莉，等. 2017. 河南省西峡县高庄-梅子沟金矿带成矿规律及找矿技术方法研究中期检查汇报[R]. 科研报告.
[91] 陈志宏，陆松年，李怀坤，等. 2004. 北秦岭德河黑云二长花岗片麻岩体的成岩时代—TIMS 和 SHRIMP 锆石 U-Pb 同位素年代学[J]. 地质通报，23(2)：136~141.
[92] 李淼. 2003. 东秦岭陡岭群中新元古代花岗岩体的地球化学特征及其地质意义[D]. 西北大学硕士学位论文.
[93] Zhang J, Zhang H F, Lu X X. 2013. Zircon U-Pb age and Lu-Hf isotope constraints on Precambrian evolution of continental crust in the Songshan area, the south-central North China Craton[J]. Precambrian Research, 226: 1~20.
[94] 梁涛，卢仁. 2016. 豫西峪山老里湾岩体 LA-ICP-MS 锆石 U-Pb 年龄及地质意义[J]. 北京：中国地球科学联合会议，323~326.
[95] 王功力，王全明，常云真，等. 2017. 豫西峪山老里湾岩体年代学、地球化学特征及其成矿作用[J]. 地质通报，36(7)：1242~1250.
[96] 肖娥，胡建，张遵忠，等. 2012. 东秦岭花山复式岩基中蒿坪与金山庙花岗岩体岩石地球化学、锆石 U-Pb 年代学和 Lu-Hf 同位素组成[J]. 岩石学报，28(12)：4031~4046.
[97] 河南省地质矿产局第一地质调查队. 2015. 1：250000 洛阳市区调报告[R].
[98] 李永峰. 2005. 豫西熊耳山地区中生代花岗岩类时空演化与钼(金)成矿作用[D]. 中国地质大学(北京)博士学位论文.
[99] 聂政融，王晓霞，柯昌辉，等. 2015. 华北地块南缘花山，五丈山岩体 LA-ICP-MS 锆石 U-Pb 年龄，地球化学特征及成因[J]. 地质通报，34(8)：1502~1516.
[100] 田永飞，叶会寿，李正远，等. 2016. 河南嵩县店房金矿区花岗斑岩锆石 U-Pb 年龄、Hf 同位素及岩石地球化学[J]. 地质学报，90(8)：1755~1777.
[101] 王路. 2012. 河南嵩县下蒿坪-店房金矿床地质地球化学特征[D]. 河南理工大学硕士论文.
[102] 任富根，李惠民，殷艳杰等. 2002. 豫西地区熊耳群的地质年代学研究[J]. 前寒武纪研究进展，25(1)：41~47.
[103] 李正远，叶会寿，曹晶，等. 2014. 河南嵩县庙岭金矿区花岗斑岩锆石 U-Pb 年龄、岩石地球化学和 Sr-Nd-Pb 同位素特征[J]. 岩石矿物学杂志，33(3)：424~440.

[104] Li N, Chen Y J, Pirajno F, et al. 2012. LA-ICP-MS zircon U-Pb dating, trace element and Hf isotope geochemistry of the Heyu granite batholith, eastern Qinling, central China: implications for Mesozoic tectono-magmatic evolution[J]. Lithos, 142: 34~47.
[105] 高昕宇，赵太平，原振雷 等. 2010. 华北陆块南缘中生代合峪花岗岩的地球化学特征与成因[J]. 岩石学报，(12)：3485~3506.
[106] 周珂. 2008. 豫西鱼池岭斑岩钼矿床的地质地球化学特征与成因研究[D]. 中国地质大学(北京)硕士论文.
[107] 程知言，胡建，蒋少涌，等. 2013. 河南鱼池岭钼矿有关花岗岩锆石 U-Pb 年龄和 Hf 同位素研究及其对成矿时代的制约[J]. 高校地质学报，19(3)：403~414.
[108] Wang X L, Jiang S Y, Dai B Z, et al. 2013. Lithospheric thinning and reworking of Late Archean juvenile crust on the southern margin of the North China Craton: evidence from the Longwangzhuang Paleoproterozoic A-type granites and their surrounding Cretaceous adakite-like granites[J]. Geological Journal, 48(5): 498~515.
[109] Gao X Y, Zhao T P, Bao Z W, et al. 2014. Petrogenesis of the early Cretaceous intermediate and felsic intrusions at the southern margin of the North China Craton: implications for crust-mantle interaction[J]. Lithos, 206: 65~78.
[110] 河南省地质矿产局第一地质调查队. 2016. 1：50000 合峪幅等五幅区域地质调查报告[R].
[111] 周珂，叶会寿，毛景文，等. 2009. 豫西鱼池岭斑岩型钼矿床地质特征及其辉钼矿铼-锇同位素年龄[J]. 矿床地质，28(2)：170~184.
[112] 李诺，陈衍景，倪智勇，等. 2009. 河南省嵩县鱼池岭斑岩钼矿床成矿流体特征及其地质意义[J]. 岩石学报，25(10)：2509~2522.
[113] 包志伟，王强，资锋，等. 2009. 龙王（石童）A 型花岗岩地球化学特征及其地球动力学意义[J]. 地球化学，(6)：3~16.
[114] 陆松年，李怀坤，相振群. 2010. 中国中元古代同位素地质年代学研究进展述评[J]. 中国地质，37(4)：1002~1013.
[115] 孟芳. 2010. 豫西老君山花岗岩体特征及其成矿作用[D]. 中国地质大学(北京)硕士学位论文.
[116] 郭彩莲，陈丹玲. 2011. 豫西二郎坪地区 O 型埃达克岩的厘定及其地质意义[J]. 地质学报，85(12)：1994~2002.
[117] 郭采莲，陈丹玲，樊伟，等. 2010. 豫西二郎坪满子营花岗岩体地球化学及年代学研究[J]. 岩石矿物学杂志，29(1)：15~22.
[118] 邓小华，姚军明，李晶，等. 2011. 河南省西峡县石门沟钼矿床流体包裹体特征和成矿时代研究[J]. 岩石学报，27(5)：1439~1452.
[119] 王锦，第五春荣，孙勇，等. 2012. 豫西西峡地区青岗坪花岗闪长岩 LA-ICP-MS 锆石 U-Pb 测年、Hf 同位素组成及其地质意义[J]. 地质通报，31(6)：884~895.
[120] 卢仁，梁涛，聂政融. 2017. 北秦岭骨头崖岩体锆石 U-Pb 定年及地质意义[J]. 地质论评，63(增刊)：159~160.
[121] 陆松年，李怀坤，陈志宏，等. 2003. 秦岭中-新元古代地质演化及对 RODINIA 超级大陆事件的响应[M]. 北京：地质出版社，194.
[122] 李胜利，姚娟，吴清杰，等. 2012. 豫西南湍源银多金属矿集区典型矿床(点)—来自地质、流体特征及锆石 U-Pb 年龄的证据[J]. 地质通报，31(10)：1608~1626.
[123] 李厚民，王登红，郭保健，等. 2008. 河南板厂银多金属矿床钾长石氩-氩年龄及其地质意义[J]. 地球学报，29(2)：154~160.
[124] Mao J W, Xie G Q, Bierlein F, et al. 2008. Tectonic implications from Re-Os dating of Mesozoic molybdenum deposits in the East Qinling-Dabie orogenic belt[J]. Geochimica et Cosmochimica Acta, 72(18): 4607~4626.
[125] 尚瑞军，严阵. 1988. 秦巴花岗岩[M]. 武汉：中国地质大学出版社.
[126] 卢欣祥，肖庆辉. 1999. 东秦岭吐雾山 A 型花岗岩的时代及其构造意义[J]. 科学通报，44(9)：975~978.
[127] 梁涛，白凤军，罗照华，等. 2014. 豫西熊耳山斑竹寺花岗斑岩岩体锆石 U-Pb 定年及地质意义[J],西北地质，47(2)：41~50.
[128] 曹晶，叶会寿，李正远，等. 2015. 东秦岭磨沟碱性岩体年代学，地球化学及岩石成因[J]. 岩石矿物学杂志，34(5)：665~684.
[129] 卢仁，梁涛，白凤军. 2013. 豫西磨沟正长岩 LA-ICP-MS 锆石 U-Pb 年代学及 Hf 同位素[J]. 地质论评，59(2)：355~368.
[130] 梁涛，聂政融，卢仁，等. 2017. 豫西嵩县龙头正长岩体的 LA-ICP-MS 锆石 U-Pb 定年及地质意义[J]. 西安：中国矿物岩石地球化学学会第 16 届学术年会文集，342~343.
[131] 梁涛，白凤军，卢仁. 2013. 豫西峭山韩沟岩体 LA-ICP-MS 锆石 U-Pb 定年[J]. 2013 年全国岩石学与地球动力学研讨会论文摘要集，广州，233~234.
[132] 刘楚雄，阎国翰，蔡剑辉. 2010. 河南嵩县碱性岩体 SHRIMP 锆石 U-Pb 年龄和岩石地球化学特征及构造意义[J]. 北京：2010 年全国岩石学与地球动力学研讨会论文摘要， 157~158.
[133] 梁涛，卢仁. 2017. 豫西嵩县乌桑沟岩体锆石 U-Pb 定年及地质意义[J]. 地质论评，63(B04)：45~46.
[134] 高阳，李永峰，郭保健，等. 2010. 豫西嵩县前范岭石英脉型钼矿床地质特征及辉钼矿 Re-Os 同位素年龄[J]. 岩石学报，26(3)：757~767.
[135] 叶会寿，毛景文，李永峰，等. 2006. 东秦岭东沟超大型斑岩钼矿 SHRIMP 锆石 U-Pb 和辉钼矿 Re-Os 年龄及其地质意义[J]. 地质学报，80(7)：1078~1088.
[136] 戴宝章，蒋少涌，王孝磊. 2009. 河南东沟钼矿花岗斑岩成因：岩石地球化学、锆石 U-Pb 年代学及 Sr-Nd-Hf 同位素制约[J]. 岩石学报，25 (11)：2889~2901
[137] 叶会寿，毛景文，徐林刚，等. 2008. 豫西太山庙铝质 A 型花岗岩 SHRIMP 锆石 U-Pb 年龄及其地球化学特征[J]. 地质论评，54(5)：699~711.
[138] 高昕宇. 2012. 华北陆块南缘外方山和伏牛山地区早白垩世花岗岩成因研究[D]. 广州：中国科学院广州地球化学研究所博士学位论文.
[139] 齐玥. 2014. 东秦岭地区晚中生代老君山岩体和太山庙岩体成因[D]. 中国科学技术大学硕士论文.

[140] Gao X Y, Zhao T P, Chen W T. 2014. Petrogenesis of the early Cretaceous Funiushan granites on the southern margin of the North China Craton: Implications for the Mesozoic geological evolution[J]. Journal of Asian Earth Sciences, 94: 28~44.
[141] 李名则，吴才来，雷敏，等. 2014. 东秦岭南召地区花岗岩岩石地球化学特征及 LA-ICP-MS 锆石 U-Pb 同位素年龄[J]. 地质同位素年龄[J]. 地质论评，(2)：427~442.
[142] 河南省地质调查院. 2017. 1：50000 内乡县 4 幅等区域地质调查报告[R].
[143] 河南省地质调查院. 2017. 1：50000 安皋县幅区域地质调查报告[R].
[144] 仁启江，徐兆文. 1991. 东秦岭大型钼矿床的形成条件：秦岭造山带学术讨论会会议集[M]. 西安：西北大学出版社，261~272.
[145] 郭保健，毛景文，李厚民 等. 2006. 秦岭造山带秋树湾铜钼矿床辉钼矿 Re-Os 定年及其地质意义[J]. 岩石学报，22(9)：2341~2348.
[146] 河南省地质矿产局第二地质调查队. 2016. 大口集、府店、江左、大金店幅区调报告[R].
[147] 万渝生，刘敦一，王世炎，等. 2009. 登封地区早前寒武纪地壳演化-地球化学和锆石 SHRIMP U-Pb 年代学制约[J]. 地质学报，83(7)：982~999.
[148] 周艳艳. 2011. 华北克拉通南缘早前寒武纪岩浆作用与地壳演化—以嵩山和鲁山为例[D]. 广州：中国科学院广州地球化学研究所博士学位论文.
[149] 王泽九，沈其韩，万渝生. 2004. 河南登封石牌河“变闪长岩体”的锆石 SHRIMP 年代学研究[J]. 地球学报，25(3)：295~298.
[150] 张顺新. 2014. 嵩山地区中元古代石秤花岗岩体地球化学特征[D]. 河南理工大学硕士论文.
[151] Zhang J, Zhang H F, Lu X X. 2013. Zircon U-Pb age and Lu-Hf isotope constraints on Precambrian evolution of continental crust in the Songshan area, the south-central North China Craton[J]. Precambrian Research, 226: 1~20.
[152] 胡国辉，胡俊良，陈伟，等. 2010. 华北克拉通南缘中条山-嵩山地区 1.78Ga 基性岩墙群的地球化学特征及构造环境[J]. 岩石学报，26(5)：1563~1576.
[153] 河南省地质调查院. 2014. 1：50000 东站、上庄幅区调报告[R].
[154] 赵太平，张忠慧，周艳艳，等. 2012. 中国嵩山前寒武纪地质[M]. 北京：地质出版社，91~103.
[155] 河南省地质矿产局. 1989. 河南省区域地质志[M]. 北京：地质出版社.
[156] 河南省地质调查院. 2014. 1：250000 郑州市幅区调报告[R].
[157] Zhou Y, Zhai M, Zhao T, et al. 2014. Geochronological and geochemical constraints on the petrogenesis of the early Paleoproterozoic potassic granite in the Lushan area, southern margin of the North China Craton[J]. Journal of Asian Earth Sciences, (94): 190~204.
[158] 河南省区调队. 2015. 河南省保安、旧县、舞阳县、吴城、独树镇、尚店、出山、玉山镇、陌坡、春水等幅 1：50000 区域地质矿产及成矿预测图[R].
[159] 何韬. 2015. 东秦岭-大别钼矿带几个钼矿成矿岩体的地球化学研究[D]. 中国科学技术大学硕士论文.
[160] Yang Z F, Luo X X. 2010. Whole rock geochemical, Nd-Pb-Sr isotopic characteristics and Re-Os ages for molybdenite of the Shanggusi granite porphyry in East Qinling[J]. Geochimica et Cosmochimica Acta, 74(12)(Supplement 1): A1179~A1179.
[161] 段友强. 2016. 华北陆块南缘碱性岩地球化学研究及其大地构造意义[D]. 中国科学技术大学硕士论文.
[162] 包志伟，王强，白国典，等. 2008. 东秦岭方城新元古代碱性正长岩形成时代及其动力学意义[J]. 科学通报，53(6)：684~694. s
[163] 向君峰，赵海杰，李永峰，等. 2010. 华北地台南缘张士英岩体的锆石 SHRIMP U-Pb 测年、Hf 同位素组成及其地质意义[J]. 岩石学报，26(3)：871~887. "
[164] 段友强，张正伟，杨晓勇. 2015. 华北克拉通南缘张士英岩体大陆动力学背景：来自地球化学、锆石 U-Pb 年龄和 Hf 同位素的证据[J]，岩石学报，31(7)：1995~2008.
[165] 李创举，包志伟. 2010. 河南舞阳南部张士英岩体的地球化学与成因及其构造意义[J]. 大地构造与成矿学，34(3)：435~443.
[166] 周红升，马昌前，张超，等. 2008. 华北克拉通南缘泌阳春水燕山期铝质 A 型花岗岩类年代学，地球化学及其启示[J]. 岩石学报，(1)：51~66.
[167] 河南省区域地质调查队. 2015. 1：50000 官庄、泌阳县、平氏、马道 4 幅区调报告[R].
[168] 马昌前. 2012. 大别造山带及邻区侵入岩地质图[M].
[169] 江思宏，聂凤军，方东会，等. 2009. 河南桐柏围山城地区侵入岩年代学与地球化学特征[J]. 地质学报，83(7)：1011~1029.
[170] 谷浩. 2017. 河南泌阳县陈庄-马谷田一带桃园岩体形成构造环境：岩石地球化学及锆石年代学证据[J]. 华南地质与矿产，33(2)：111~126.
[171] 河南省地质调查院. 1：250000 枣阳市幅区域地质调查报告[R]. 2007.
[172] 刘翼飞，江思宏，方东会，等. 2008. 河南桐柏老湾花岗岩体锆石 SHRIMP U-Pb 年龄及其地质意义[J]. 岩石矿物学杂志，27(6)：519~523.
[173] 杨梅珍，陆建培，付静静，等. 2014. 桐柏山老湾金矿带与燕山期岩浆作用有关的岩浆热液金多金属矿床成矿作用—来自地球化学，年代学证据及控矿构造地质约束[J]. 矿床地质，33(3)：651~666.
[174] 河南省地质矿产厅第二地质调查队. 1994. 1：50000 辛集幅、祁仪幅区调报告[R].
[175] 周红升，苏华，马昌前. 2009. 灵山岩体的形成时代、构造背景及其 A 型花岗岩的厘定[J]. 信阳师范学院学报：自然科学版，22(2)：222~226
[176] 刘清泉，邵拥军，陈昕梦，等. 2016. 豫南新县岩体地球化学，年代学和 Hf 同位素特征及地质意义[J]. 地球科学-中国地质大学学报，(08)：1275~1294.
[177] 李厚民，王登红，张冠，等. 2007. 河南白石坡银矿区花岗斑岩中锆石的 SHRIMP U-Pb 年龄及其地质意义[J]. 地质学报，81(6)：808~813.

[178] 杨梅珍, 曾键年, 任爱群, 等. 2011. 河南罗山县母山钼矿床成矿作用特征及锆石 LA-ICP-MS U-Pb 同位素年代学[J]. 矿床地质, 30(3): 435~447.
[179] 杨泽强, 唐相伟. 2015. 北大别山肖畈岩体地球化学特征和锆石 LA-ICP-MSU-Pb 同位素定年[J]. 地质学报, 89(4): 692~700.
[180] 孟芳. 2013. 大别山北麓灵山岩体的成岩成矿作用研究[D]. 中国地质科学院博士学位论文.
[181] 马昌前, 明厚利, 杨坤光. 2004. 大别山北麓的奥陶纪岩浆弧: 侵入岩年代学和地球化学[J]. 岩石学报, 20(3): 393~402.
[182] 高阳. 2014. 大别山前鹅冲和汤家坪斑岩钼矿地质地球化学及成因研究[D]. 中国地质大学(北京)博士论文.
[183] 杨梅珍, 曾键年, 覃永军, 等. 2010. 大别山北缘千鹅冲斑岩型钼矿床锆石 U-Pb 和辉钼矿 Re-Os 年代学及其地质意义[J]. 地质科技情报, 29(5): 35~45.
[184] 李法岭. 2011. 河南大别山北麓千鹅冲特大隐伏斑岩型钼矿床地质特征及成矿时代[J]. 矿床地质, 30(3): 457~468.
[185] 罗正传. 2010. 大别山北麓钼金银多金属矿成矿规律及找矿方向[J]. 矿产与地质, 24(2): 125~131.
[186] 杨梅珍, 曾键年, 覃永军, 等. 2010. 大别山北缘千鹅冲斑岩型钼矿床锆石 U-Pb 和辉钼矿 Re-Os 年代学及其地质意义[J]. 地质科技情报, 29(5): 35~45.
[187] 刘贻灿, 李曙光, 古晓锋, 等. 2006. 北淮阳王母观橄榄辉长岩锆石 SHRIMP U-Pb 年龄及其地质意义[J]. 科学通报. 2006,51(18): 2175~2180.
[188] 杨梅珍, 曾键年, 李法岭等. 河南新县大银尖钼矿床成岩成矿作用地球化学及地质意义[J]. 地球学报, 2015 (03): 25~38.
[189] Li H C, Xu G W, Lu X C, et al. 2012. Constraints on Timing and Origin of the Dayinjian Intrusion and Associated Molybdenum Mineralization, Western Dabie orogen, Central China. International Geology Review, 54 (13): 1579~1596.
[190] 杨泽强. 2007. 河南省商城县汤家坪钼矿成矿模式研究[D]. 中国地质大学(北京)工程硕士论文.
[191] 罗正传, 李永峰, 王义天, 等. 2010. 大别山北麓河南新县地区大银尖钼矿床辉钼矿 Re-Os 同位素年龄及其意义[J]. 地质通报, 29(9): 1349~1354
[192] 陈伟, 徐兆文, 李红超, 等. 2013. 河南新县花岗岩岩基的岩石成因, 来源及对西大别构造演化的启示[J]. 地质学报, 87(10): 1510~1524.
[193] 周红升, 刘明华, 严育通, 等. 2013. 大别造山带新县岩体的锆石 U-Pb 年龄及其地质意义[J]. 信阳师范学院学报: 自然科学版, 26(1): 94~98.
[194] 刘清泉, 邵拥军, 张智慧, 等. 2015. 大别山姚冲花岗岩锆石 U-Pb 年龄, Hf 同位素及地质意义[J]. 中国有色金属学报, 25(2): 479~491.
[195] 罗正传, 李永峰, 李俊平, 等. 2013. 豫南大别山北麓姚冲钼矿床辉钼矿 Re-Os 同位素年龄及其地质意义[J]. 地质学报, 87(9): 1359~1369.
[196] 黄丹峰. 2010. 大别造山带晚中生代构造体制转换的火成岩记录[D]. 中国地质大学(北京)博士学位论文.
[197] 高昕宇, 赵太平, 施小斌, 等. 2013. 大别山北麓早白垩世商城和达权店岩体的地球化学特征与成因[J]. 地球化学, (4): 307~339.
[198] He Y, Li S, Hoefs J, et al. 2011. Post-collisional granitoids from the Dabie orogen: new evidence for partial melting of a thickened continental crust[J]. Geochimica et Cosmochimica Acta, 75(13): 3815~3838.
[199] 何永胜. 2011. 大别造山带碰撞后花岗质岩浆作用地球化学: 对去山根过程及山根结构的制约[D]. 中国科学院大学博士学位论文.
[200] 王世明, 马昌前, 王琳燕, 等. 2010. 大别山早白垩世基性脉岩 SHRIMP 锆石 U-Pb 定年、地球化学特征及成因[J]. 地球科学(中国地质大学学报), 35(4): 572~583.
[201] 魏庆国, 高昕宇, 赵太平, 等. 2010. 大别北麓汤家坪花岗斑岩锆石 LA-ICPMS U-Pb 定年和岩石地球化学特征及其对岩石成因的制约[J]. 岩石学报, (5): 1550~1562.
[202] 王团华. 2008. 安徽北淮阳地区燕山晚期岩浆成因及其大地构造背景. 南京大学硕士学位论文.
[203] 刘晓强, 闫峻, 王爱国. 2017. 北淮阳沙坪沟钼矿床成矿斑岩体特征与成因[J]. 矿床地质, 36(04): 837~865.
[204] 张红, 孙卫东, 杨晓勇, 等. 2011. 大别造山带沙坪沟特大型斑岩钼矿床年代学及成矿机理研究[J]. 地质学报, 85(12): 2039~2059.
[205] 孟祥金, 徐文艺, 吕庆田, 等. 2012. 安徽沙坪沟斑岩钼矿锆石 U-Pb 和辉钼矿 Re-Os 年龄[J]. 地质学报, 86(3): 486~494.
[206] 陈红瑾, 陈衍景, 张静, 等. 2012. 安徽省金寨县沙坪沟钼矿含矿岩体锆石 U-Pb 年龄和 Hf 同位素特征及其地质意义[J]. 岩石学报, 29(1): 131~145.
[207] 王萍. 2013. 安徽金寨沙坪沟钼矿区岩浆岩特征及成因[D]. 合肥工业大学硕士毕业论文.
[208] 任志, 周涛发, 袁峰, 等. 2014. 安徽沙坪沟钼矿区中酸性侵入岩期次研究: 多年代学及岩石化学约束[J]. 地质科学, 30(4): 1097~1116.
[209] 黄凡, 王登红, 陆三明, 等. 2011. 安徽省金寨县沙坪沟钼矿辉钼矿 Re-Os 年龄—兼论东秦岭-大别山中生代钼成矿作用期次划分[J]. 矿床地质, 30(6): 1039~1057.
[210] 徐晓春, 楼金伟, 陆三明, 等. 2009. 安徽金寨银山钼-铅-锌多金属矿船 Re-Os 和有关岩浆岩 ^{40}Ar-^{39}Ar 年龄测定[J]. 矿床地质, 28(5): 621~632.
[211] 赵新福, 李建威, 马昌前, 等. 2007. 北淮阳古碑花岗闪长岩侵位时代及地球化学特征: 对大别山中生代构造体制转换的启示[J]. 岩石学报, 23(6): 1392~1402.
[212] 袁海潮, 王瑞廷, 焦建刚, 等. 2014. 东秦岭华县西沟钼矿床 Re-Os 同位素年龄及其地质意义[J]. 地球科学与环境学报, 36(1): 120~127.
[213] 焦建刚, 袁海潮, 何克, 等. 2009. 陕西华县八里坡钼矿床锆石 U-Pb 和辉钼矿 Re-Os 年龄及其地质意义[J]. 地质学报, 83(8): 1159~1166.

[214] 朱赖民，张国伟，郭波，等. 2008. 东秦岭金堆城大型斑岩钼矿床 LA-ICP-MS 锆石 U-Pb 定年及成矿 Pb 定年及成矿动力学背景[J]. 地质学报，82(2)：204~220.
[215] 杨力，陈福坤，杨一增，等. 2010. 丹凤地区秦岭岩群片麻岩锆石 U-Pb 年龄：北秦岭地体中-新元古代岩浆作用和早古生代变质作用的记录[J]. 岩石学报，26(5)：1589~1603.
[216] 焦建刚，汤中立，钱壮志，等. 2010. 东秦岭金堆城花岗斑岩体的锆石 U-Pb 年龄，物质来源及成矿机制[J]. 地球科学：中国地质大学学报，(6)：1011~1022.
[217] 黄典豪，杜安道. 1994. 东秦岭地区钼矿床的铼—锇同位素年龄及其意义[J]. 矿床地质，13(3)：221~230.
[218] 杜安道，何红要，殷宁万，等. 1994. 辉钼矿的铼—锇同位素地质年龄测定方法研究[J]. 地质学报，68(4)：339~347
[219] Stein H J, Markey R J, Morgan J W, et al. 1997. Highly precise and accurate Re-Os ages for molybdenum from the East Qinling Shannxi Province, China[J]. Economic Geology, 98：175~180.
[220] 赵海杰，毛景文，叶会寿，等. 2010. 陕西洛南县石家湾钼矿相关花岗斑岩的年代学及岩石成因：锆石 U-Pb 年龄及 Hf 同位素制约[J]. 矿床地质，29(1)：143~157.
[221] 曹晶，叶会寿，李洪英，等. 2014. 河南嵩县黄水庵碳酸岩脉型钼(铅)矿床地质特征及辉钼矿 Re-Os 同位素年龄[J]. 矿床地质，33(1)：53~69.
[222] 黄典豪，侯增谦，杨志明，等. 2009. 东秦岭钼矿带内碳酸岩脉型钼(铅)矿床地质-地球化学特征、成矿机制及成矿构造背景[J]. 地质学报，83(12)：1968~1984.
[223] 李金宝，王晓霞，童英，等. 2013. 东秦岭中生代花岗岩体、钼矿床分布的时空分布规律及动力来源[J]. 地球科学与环境学报，35(2)：49~61.
[224] 赵海杰，毛景文，叶会寿，等. 2010. 陕西洛南县石家湾钼矿相关花岗斑岩的年代学及岩石成因：锆石 U-Pb 年龄及 Hf 同位素制约[J]. 矿床地质，29(1)：143~157.
[225] 王赛，叶会寿，杨永强，等. 2016. 豫西火神庙岩体锆石 U-Pb 年代学、地球化学及 Hf 同位素组成[J]. 地球科学，41(2)：293~316.
[226] 王赛，叶会寿，杨永强. 2011. 河南栾川火神庙钼矿床辉钼矿 Re-Os 同位素年龄及其地质意义[J]. 地质通报，33(9)：1131~1138.
[227] 包志伟，曾乔松，赵太平，等. 2009. 东秦岭钼矿带南泥湖-上房沟花岗斑岩成因及其对钼成矿作用的制约[J]. 岩石学报，25(10)：2523~2536.
[228] 向君峰，毛景文，裴荣富，等. 2012. 南泥湖-三道庄钼(钨)矿的成岩成矿年龄新数据及其地质意义[J]. 中国地质，39(2)：458~473.
[229] 张云辉，张寿庭，王世炎，等. 2014. 东秦岭南泥湖钼(钨)矿床和秋树湾铜(钼)矿床成岩成矿特征对比研究[J]. 地质与勘探，50(4)：700~711.
[230] Huang D H, Wu C Y, Du A D, et al. 1995. Re-Os isotope ages of molybdenum deposits in EastQinling and their significance[J]. Chinese Journal of Geochemistry, 14(4)：313~322.
[231] 杨阳，王晓霞，柯昌辉，等. 2012. 豫西南泥湖矿集区石宝沟岩体的锆石 U-Pb 年龄、岩石地球化学及 Hf 同位素组成[J]. 中国地质，39(6)：1525~1541.
[232] Bao Z, Wang C Y, Zhao T, et al. 2014. Petrogenesis of the Mesozoic granites and Mo mineralization of the Luanchuan ore field in the East Qinling Mo mineralization belt, Central China[J]. Ore Geology Reviews, 57：132~153.
[233] 黄凡，罗照华，卢欣祥，等. 2010. 河南汝阳地区竹园沟钼矿地质特征、成矿时代及地质意义[J]. 地质通报，29(11)：1704~1711.
[234] 李靖辉. 2014. 河南嵩县大石门沟钼矿床辉钼矿 Re-Os 同位素年龄及地质意[J]. 中国地质，41(4)：1364~1374.
[235] 姚军明，赵太平，李晶，等. 2009. 河南祁雨沟金矿成矿系统辉钼矿 Re-Os 年龄和锆石 U-Pb 年龄及 Hf 同位素地球化学[J]. 岩石学报，(25)：374~384.
[236] 唐克非. 2014. 华北克拉通南缘熊耳山地区金矿床时空演化、矿床成因及成矿构造背景[D]. 中国地质大学(北京)博士学位论文.
[237] 陈小丹，叶会寿，汪欢. 2011. 豫西雷门沟石英斑岩 U-Pb 定年及其地质意义[J]. 矿物学报，(增刊)：563~564.
[238] 曹晶，叶会寿，陈小丹，等. 2016. 豫西雷门沟钼矿区花岗斑岩年代学、地球化学和 Sr-Nd-Hf 同位素研究[J]. 矿床地质，35(4)：677~695.
[239] 李永峰，毛景文，刘敦一，等. 2006. 豫西雷门沟斑岩钼矿 SHRIMP 锆石 U-Pb 和辉钼矿 Re-Os 测年及其地质意义[J]. 地质论评，51(1)：122~131.
[240] 李铁刚，武广，陈毓川，等. 2013. 豫西银家沟杂岩体年代学、地球化学和岩石成因[J]. 岩石学报，29(1)：46~66.
[241] 武广，陈毓川，李宗彦，等. 2013. 豫西银家沟硫铁多金属矿床 Re-Os 和 ^{40}Ar-^{39}Ar 年龄及其地质意义[J]. 矿床地质，32(4)：809~822.
[242] 毛冰，叶会寿，李超，等. 2011. 豫西夜长坪钼矿床辉钼矿铼-锇同位素年龄及地质意义[J]. 矿床地质，30(6)：1069~1074.
[243] 宴国龙，王佐满，李永全，等. 2012. 河南夜长坪钼矿辉钼矿 Re-Os 同位素年龄及地质意义[J]. 矿产勘查，3(2)：184~193.
[244] 杨德彬，许文良，王冬艳，等. 2004. 河南三门峡市曲里石英闪长斑岩锆石 SHRIMP U-Pb 定年及其地质意义[J]. 中国地质，31(4)：379~383.
[245] 董国臣，窦录元，任龙，等. 2014. 秦岭豫西南中生代浅成侵入体及其成矿能力：以蒲塘金矿为例[J]. 中国地球科学联合学术年会，2185~2188.
[246] 梁涛，卢仁，刘小丽，等. 2021. 华北克拉通南缘方城县吴沟花岗岩锆石 U-Pb 年龄报道[J]. 中国地质，48(2)：671~673.
[247] 蓝永强，曾威，俞礽安，等. 2019. 河南省淅川县毛堂金矿区花岗斑岩锆石 U-Pb 年龄、Hf 同位素特征及其地质意义[J]. 地质找矿论丛，34(2)：232~241.

中国矿产地质志

"十三五"国家重点图书规划　国家出版基金项目

总　志

中国矿产地质志·矿产总志
中国矿产地质志·规律总志

矿种志

1 **中国矿产地质志·矿产地名录卷(总1)**
6 **中国矿产地质志·典型矿床总述卷(总2)**
中国矿产地质志·油气卷
65 **中国矿产地质志·煤炭卷(矿14)**
63 **中国矿产地质志·煤层气卷(矿13)**
中国矿产地质志·铀矿卷
中国矿产地质志·铁矿卷
中国矿产地质志·锰矿卷
中国矿产地质志·钒钛铬矿卷
中国矿产地质志·铜矿卷
中国矿产地质志·铝矿卷
中国矿产地质志·铅锌矿卷
21 **中国矿产地质志·镍矿卷(矿5)**
8 **中国矿产地质志·钨矿卷(矿1)**
中国矿产地质志·锡矿卷
中国矿产地质志·钼矿卷
54 **中国矿产地质志·锑矿卷(矿9)**
中国矿产地质志·菱镁矿卷
86 **中国矿产地质志·金矿卷(矿19)**
44 **中国矿产地质志·银矿卷(矿8)**
中国矿产地质志·锂铍铌钽矿卷
中国矿产地质志·铷锶锆铪矿卷
中国矿产地质志·稀土金属矿卷
中国矿产地质志·稀散金属矿卷
中国矿产地质志·建材非金属矿卷
中国矿产地质志·蓝晶石族矿卷
9 **中国矿产地质志·石灰岩矿卷(矿2)**
中国矿产地质志·石英砂岩矿卷
81 **中国矿产地质志·花岗岩矿卷(矿17)**
中国矿产地质志·大理岩矿卷
中国矿产地质志·石棉矿卷
84 **中国矿产地质志·高岭土矿卷(矿18)**
中国矿产地质志·膨润土矿卷
69 **中国矿产地质志·硅藻土矿卷(矿15)**
中国矿产地质志·滑石矿卷
中国矿产地质志·硅灰石矿卷
中国矿产地质志·石墨矿卷
中国矿产地质志·化工矿产卷
22 **中国矿产地质志·钾盐矿卷(矿6)**
57 **中国矿产地质志·盐矿卷(矿10)**
18 **中国矿产地质志·磷矿卷(矿3)**
61 **中国矿产地质志·硫矿卷(矿11)**
19 **中国矿产地质志·硼矿卷(矿4)**
70 **中国矿产地质志·萤石矿卷(矿16)**
62 **中国矿产地质志·芒硝矿卷(矿12)**
中国矿产地质志·石膏矿卷
23 **中国矿产地质志·重晶石矿卷(矿7)**
中国矿产地质志·化工灰岩-明矾石-天青石-雄黄-硝石-天然碱矿卷
中国矿产地质志·宝玉石矿卷
中国矿产地质志·和田玉矿卷
中国矿产地质志·叶蜡石矿卷
……

省　志

中国矿产地质志·北京卷
56 **中国矿产地质志·天津卷(省3)**
中国矿产地质志·河北卷
中国矿产地质志·山西卷
72 **中国矿产地质志·内蒙古卷(省6)**
中国矿产地质志·辽宁卷
71 **中国矿产地质志·吉林卷(省5)**
中国矿产地质志·黑龙江卷
85 **中国矿产地质志·江苏及上海卷(省10)**
中国矿产地质志·浙江卷
83 **中国矿产地质志·安徽卷(省9)**
中国矿产地质志·福建卷
3 **中国矿产地质志·江西卷(省1)**
中国矿产地质志·山东卷
中国矿产地质志·河南卷

中国矿产地质志·湖北卷
中国矿产地质志·湖南卷
中国矿产地质志·广东卷
中国矿产地质志·广西卷
64 中国矿产地质志·海南卷(省4)
中国矿产地质志·重庆卷
中国矿产地质志·四川卷
中国矿产地质志·贵州卷
中国矿产地质志·云南卷
中国矿产地质志·西藏卷
80 中国矿产地质志·陕西卷(省8)
中国矿产地质志·甘肃卷
中国矿产地质志·青海卷
78 中国矿产地质志·宁夏卷(省7)
中国矿产地质志·新疆卷
38 中国矿产地质志·台湾卷(省2)

省级重要矿种(组)志

28 中国矿产地质志·山东卷·铁钛矿产(鲁1)
29 中国矿产地质志·山东卷·煤油页岩矿产(鲁2)
7 中国矿产地质志·河南卷·黑色金属矿产(豫1)
53 中国矿产地质志·河南卷·有色金属矿产(豫2)
68 中国矿产地质志·河南卷·贵金属三稀矿产(豫3)
79 中国矿产地质志·河南卷·能源矿产(豫4)
17 中国矿产地质志·四川卷·黑色金属矿产(川1)
25 中国矿产地质志·贵州卷·铝土矿(黔1)
26 中国矿产地质志·贵州卷·金矿(黔2)
76 中国矿产地质志·贵州卷·锰矿(黔3)
82 中国矿产地质志·贵州卷·磷矿(黔4)
12 中国矿产地质志·云南卷·贵金属矿产(滇1)
13 中国矿产地质志·云南卷·铅锌矿产(滇2)
36 中国矿产地质志·云南卷·化工矿产(滇3)
43 中国矿产地质志·云南卷·黑色金属矿产(滇5)
51 中国矿产地质志·云南卷·能源矿产(滇7)
46 中国矿产地质志·云南卷·铜钼镍钴矿产(滇6)
40 中国矿产地质志·云南卷·锡钨矿产(滇4)
87 中国矿产地质志·云南卷·锑铋汞铝土矿稀土稀有分散元素及水气矿产(滇8)
中国矿产地质志·陕西卷·煤矿
67 中国矿产地质志·陕西卷·油气矿产(陕2)
47 中国矿产地质志·陕西卷·非金属矿产(陕1)
中国矿产地质志·陕西卷·金属矿产
39 中国矿产地质志·甘肃卷·金矿(甘1)
……

区带志

58 中国矿产地质志·渤海卷(带4)
中国矿产地质志·黄海卷
52 中国矿产地质志·东海卷(带2)
中国矿产地质志·南海卷
中国矿产地质志·大兴安岭卷
24 中国矿产地质志·长江中下游卷(带1)
55 中国矿产地质志·南岭卷(带3)
中国矿产地质志·三江卷
中国矿产地质志·冈底斯卷
中国矿产地质志·阿拉善(隆起)卷
中国矿产地质志·华北陆块北缘东段卷
中国矿产地质志·山西(断隆)卷
中国矿产地质志·华北陆块南缘卷
中国矿产地质志·华北盆地卷
中国矿产地质志·辽东(隆起)-吉南卷
77 中国矿产地质志·吉中-延边卷(带6)
89 中国矿产地质志·小兴安岭-张广才岭卷(带7)
中国矿产地质志·松辽盆地卷
75 中国矿产地质志·湘中-桂中北卷(带5)
中国矿产地质志·江南隆起西段卷
中国矿产地质志·江汉-洞庭(断陷)卷
中国矿产地质志·东秦岭卷
中国矿产地质志·浙闽赣粤沿海、浙中-武夷山(隆起)和永安-梅州-惠阳(坳陷)联编卷
中国矿产地质志·江南隆起东段、武功山-杭州湾合编卷
中国矿产地质志·桐柏-大别-苏鲁卷
中国矿产地质志·喀喇昆仑-羌北卷
中国矿产地质志·班戈-腾冲卷
中国矿产地质志·龙门山-大巴山卷
中国矿产地质志·四川盆地卷
中国矿产地质志·康滇隆起卷
中国矿产地质志·上扬子东部卷

中国矿产地质志·桂西-黔西南-滇东南北部卷
中国矿产地质志·滇东南南部卷
中国矿产地质志·祁连卷
中国矿产地质志·东天山-北山卷
中国矿产地质志·鄂尔多斯卷
中国矿产地质志·东昆仑-巴颜喀拉卷
中国矿产地质志·西秦岭卷
……

专题志

中国矿产地质志·中国成矿单元划分及其主要成矿单元特征
中国矿产地质志·大型变形构造与重要矿集区(成矿区带)关系
32 **中国矿产地质志·中国矿产地分省图集(2020)(专4)**
30 **中国矿产地质志·中国前寒武纪成矿体系(专3)**
73 **中国矿产地质志·中国古生代成矿体系(专9)**
中国矿产地质志·中国中生代成矿体系
中国矿产地质志·中国新生代成矿体系
中国矿产地质志·中国地球物理场与成矿
98 **中国矿产地质志·重要成矿理论卷(专10)**
99 **中国矿产地质志·东秦岭-大别山花岗岩与Au、Mo、Cu矿床分布规律图(专11)**
50 **中国矿产地质志·中国地球化学场与成矿关系研究(专7)**
60 **中国矿产地质志·区域成矿规律研究历史和发展趋势(专8)**
33 **中国矿产地质志·华南洋-滨太平洋构造演化与成矿(专5)**
42 **中国矿产地质志·小岩体成大矿(专6)**
27 **中国矿产地质志·山东卷·成岩成矿年代谱系(专2)**
4 **中国矿产地质志·新疆维吾尔自治区矿床成矿系列图(专1)**
……

科学普及本

2 **中国矿产地质志·建材非金属卷·普及本(普1)**
10 **中国矿产地质志·化工矿产卷·普及本(普3)**
11 **中国矿产地质志·铀矿卷·普及本(普4)**
中国矿产地质志·渤海卷·普及本
中国矿产地质志·黑色金属矿产·普及本
41 **中国矿产地质志·宝玉石卷·普及本(普13)**
48 **中国矿产地质志·北京矿产地质(普15)**
31 **中国矿产地质志·天津矿产地质(普9)**
中国矿产地质志·河北矿产地质
97 **中国矿产地质志·山西矿产地质(普28)**
66 **中国矿产地质志·内蒙古矿产地质(普18)**
59 **中国矿产地质志·吉林矿产地质(普17)**
中国矿产地质志·辽宁矿产地质
88 **中国矿产地质志·黑龙江矿产地质(普20)**
中国矿产地质志·江苏及上海矿产地质
34 **中国矿产地质志·浙江矿产地质(普10)**
93 **中国矿产地质志·安徽矿产地质(普24)**
94 **中国矿产地质志·福建矿产地质(普25)**
35 **中国矿产地质志·江西矿产地质(普11)**
中国矿产地质志·山东矿产地质
90 **中国矿产地质志·河南矿产地质(普21)**
74 **中国矿产地质志·湖北矿产地质(普19)**
49 **中国矿产地质志·湖南矿产地质(普16)**
96 **中国矿产地质志·广东矿产地质(普27)**
中国矿产地质志·广西矿产地质
92 **中国矿产地质志·海南矿产地质(普23)**
16 **中国矿产地质志·重庆矿产地质(普7)**
91 **中国矿产地质志·四川矿产地质(普22)**
95 **中国矿产地质志·贵州矿产地质(普26)**
14 **中国矿产地质志·云南矿产地质(普5)**
中国矿产地质志·西藏矿产地质
5 **中国矿产地质志·陕西矿产地质(普2)**
20 **中国矿产地质志·甘肃矿产地质(普8)**
45 **中国矿产地质志·青海矿产地质(普14)**
15 **中国矿产地质志·宁夏矿产地质(普6)**
37 **中国矿产地质志·新疆矿产地质(普12)**
中国矿产地质志·台湾矿产地质
……

注:括号内容代表志书类别及序号,1 2 3……为出版顺序,黑体为已出版。

中国矿产地质志

GEOLOGY OF MINERAL RESOURCES IN CHINA